中国拘束2279日

スパイにされた親中派日本人の記録

鈴木英司

毎日新聞出版

中国拘束2279日

スパイにされた親中派日本人の記録

中国拘束2279日 スパイにされた親中派日本人の記録／目次

プロローグ

第1章 中国に魅せられた青年時代

第2章 希望を奪われた拘束生活

第3章　中国社会の腐敗がはびこる刑務所生活

第4章 日本政府はどう動いてくれたのか

第5章　どうする日中関係

エピローグ
拘束された6年間をこれからも語り継ぐ

プロローグ

突然現れた北京市国家安全局の男たち

2016年7月15日。中国・北京の日本大使館近くにある二十一世紀飯店（ホテル）内の日本料理店で中国の知人と昼食をとった後、エアコンがきいたホテルから外に出た。嫌というほど太陽が照りつけている。シンポジウム開催の打ち合わせなど5日間の北京出張で最後の日程を終えた後だった。

午後2時前後だった。最も暑い時間帯だ。湿気はないが、日差しはきつい。40度ぐらいはあっただろう。ホテルの車寄せにタクシーはとまっていない。少し待って前の通りに出た。

手を挙げ待つこと7、8分。全身から汗がじっとりと噴き出してきた。反対車線を走っていた白色のタクシーの運転手がクラクションを鳴らして手を振り、こちらに合図してきた。北京を走るタクシーは緑と黄土色などのツートンカラーが多い。白いタクシーは珍しいし、反対車線からわざわざ回ってくるのも普通ではないなと感じたが、ようやく来たタクシーだ。暑さから逃れたくて乗り込んだ。

「北京首都国際空港第3ターミナルまで」。タクシーが走り始めてすぐ、私が求めた道（空港高速）とは違うことに気が付いた。おかしいなと思い運転手に声を掛けたが、気にするふうでもない。淡々とタクシーを走らせていく。途中、スマートフォンで何かを打ち込んでいる。そんなことをするタクシー運転手は見たことがない。

走ること小一時間。汗もひき空港の出発ロビー階に着いたのは午後3時10分ごろ。特に車寄せはないため道路に誰もがとめる。運転手は白いワンボックス車の斜め後ろにタクシーをとめた。車の周囲にはTシャツ姿の体格のいい男らが6人ほど。ガラの悪い男たちがたむろしているところにタクシーをとめられたことに少し不快感を覚えたが、トランクから荷物を出して歩き始めた。飛行機は午後5時半の予定だった。

とその時、「你是鈴木嗎（ニーシーリンムーマ）（お前は鈴木か）？」と、男のひとりが問いかけてきた。

「そうだ」と答えるや否や、3、4人の男が私を強引にワンボックス車に押し込もうとする。

私は当時、体重が96キロあったが、かなわない。

「お前ら誰だ？」

「北京市国家安全局だ」

そう聞いた私は、頭が真っ白になった。安全局と言えば、スパイ組織だ。スパイの取り締まりもする。なぜ私が、との疑問がよぎる。なすがままに車に入れられ、3列シートの中央から最後列へ、さらにその一番奥の座席まで押し込まれた。最も逃げづらい場所だ。車の助手席にはビデオカメラを回している男がいた。

「身分証明書を見せろ」と私は言ったが、男たちは「その必要はない」と言う。「なぜ私を拘束するのか」と問うと、やせてめがねを掛けた男が、北京市国家安全局長・李東（りとう）の名の記された紙を目の前に広げた。

そこには私をスパイ容疑で拘束することを許可する旨が記されていた。今思えば、タクシーも安全局が手配したものだったのではないか……。ワンボックス車のすぐ近くにとめたのも、偶然とは思えない。ことの真相は分からないが。

車内では無理やり携帯電話、腕時計を奪われ、自殺防止のためか、ズボンのベルトを外された。さらに黒いアイマスクを着けられた。

「どこに行くんだ?」。私は中国語で問うた。

「それは言えない」と、男のうちの誰かが言う。

「日本大使館に連絡しろ」と求めたが、「それは着いてから、担当の人間に話をしろ」と言うのみだ。

会話をしてもらちが明かない。どこに向かっているのかもまったく分からない。抵抗しても無駄だと思い、私は静かに車の中で座っていた。

黒く厚いカーテンで閉ざされた部屋

1時間ほど走っただろうか。車が止まると、会話が聞こえた。受付のようなところに止まったのだろう。再び車がゆっくり走り出した。坂を下っている。地下の車庫に入ったようだ。

車が止まると両脇をつかまれ、アイマスクを着けたまま降ろされた。エレベーターに乗り、上階で降りると、体をグルグルと回転させられる。方角が分からないようにするためだろうか。廊下を歩き、室内に入れられた。

「座れ」。男の声がした。後ろを手探りすると、ベッドのような感触があった。腰を下ろすと、ようやくアイマスクを外された。

部屋の様子を見ると、古びたホテルのようだった。洗面所、トイレ、シャワーが並ぶバスルームがあり、天井を見上げると、部屋の四隅に設置された監視カメラがレンズを光らせている。ホテルのようではあったが、バスルームにドアはない。部屋から丸見えである。ほどなくして医者が来て血圧を測る。上が186、下ははっきり記憶にないが100ぐらいはあっただろう。医者から「血圧の薬を飲め」とすすめられたが、「こんなもの、飲めるか」と断った。しかし、通訳の女性が「体が心配ですから飲んでください」と諭すように言う。普段から血圧は高めで、この日の朝も市販されている中国の降圧剤「北京0号」を飲んでいた。そのことは興奮からかすっかり忘れていて、通訳の優しい気遣いの言葉に降圧剤を飲んだ。

20~30分後、「部屋を出ろ」と指示された。両脇を抱えられながら廊下に出て、斜め向かいの504号室に入れられた。部屋に入る前に斜め後ろを見ると、私が最初に入った部屋のドアには502号室と書かれていた。

北京市国家安全局の内部の様子
筆者が居住監視されていた部屋の間取り図

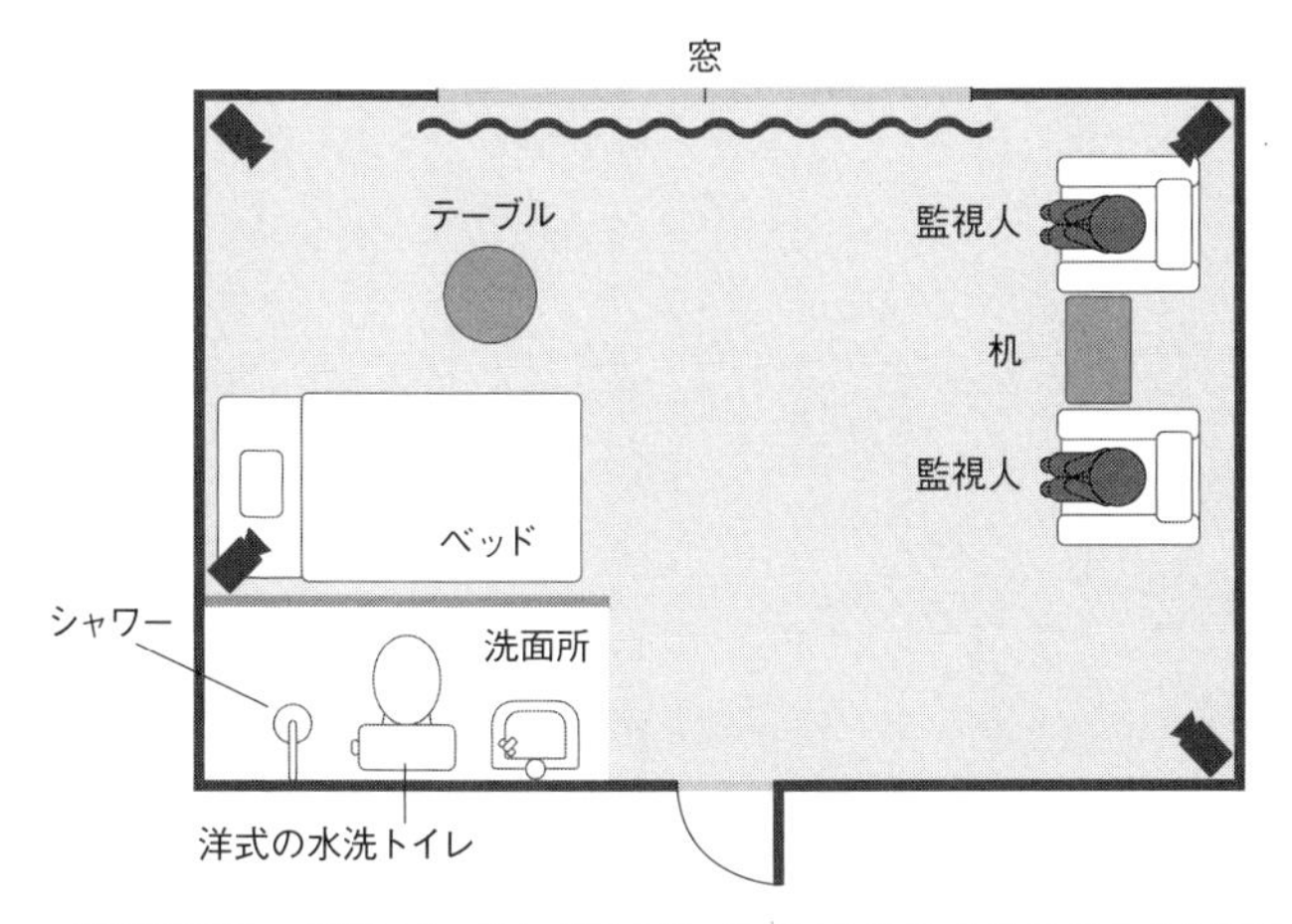

- 窓には黒い、分厚いカーテンが掛かり、外が昼なのか、夜なのか分からない。
- 24時間照明はついたまま。寝る時に電気を消すことは許されず、ずっと監視されているので落ち着かない。
- ベッドでは監視人に頭を向けて寝るよう指示された。
- バスルームのドアはない。監視人から丸見えの状態。
- 部屋の四隅には、監視カメラのレンズが光っていた。

筆者が居住監視されていた建物の階の部屋割り

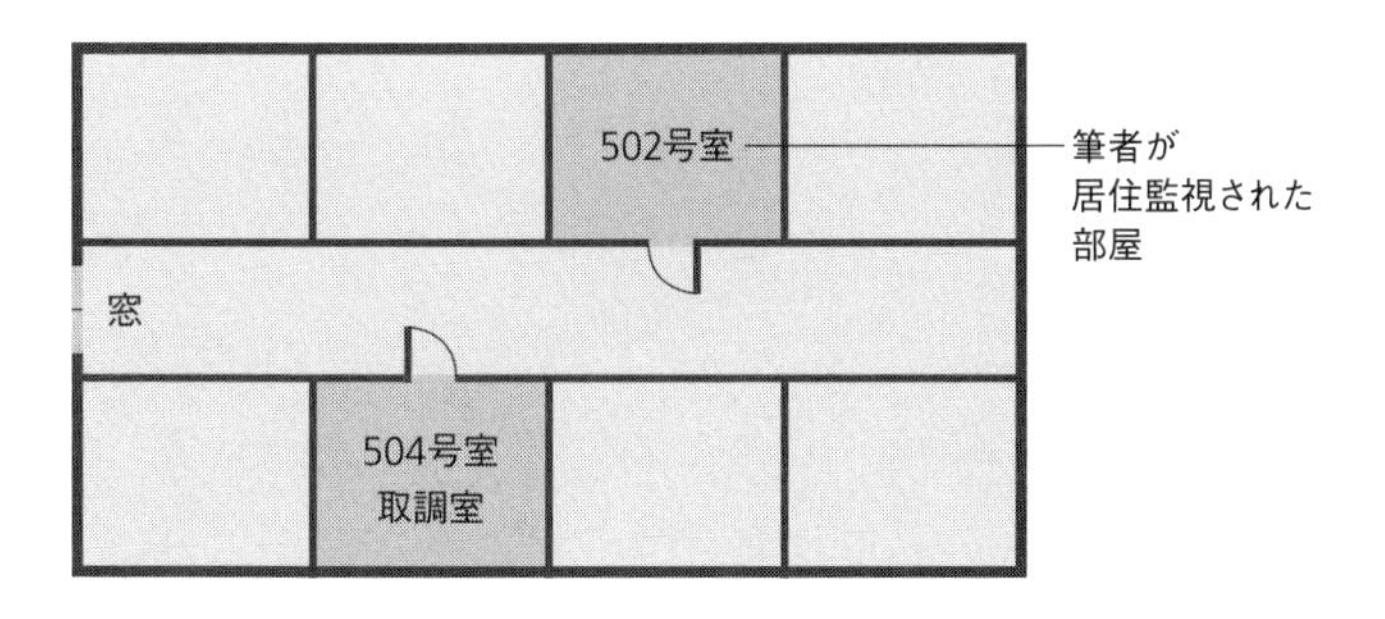

504号室は映画で見る取調室のような部屋だった。奥に社長が座るようなどっしりとした大きな机があり、男3人が椅子に腰掛けている。私はその机正面の固定式の椅子に座らせられた。

3人とも、ポロシャツにジーンズ、運動靴といったラフな格好。中央にいる40歳前後の肥満体型の男が口を開いた。

「鈴木英司（リンムーインス）、お前はなぜここに来たか分かるか」

「分かるはずないじゃないか。日本に用事があるんだから、早く帰らせてくれ。大使館を呼べ」と私は求めた。

「大使館を呼ぶことは分かっている。日・中領事協定で5日以内に大使館に連絡することになっているから心配するな。我々は法を守る」と肥満体型の男は言った。正しくは4日以内なのだが、この時はそう言われた。

肥満体型の男がお茶をとりに廊下へ1、2分出た際、私は通訳に問うた。通訳の初老の女性はいい人だと私には感じられ、「何でこんなことになってるんですか。いつ帰れるんですか」と穏やかに聞いた。

「あなた、正直に言いなさい。正直に言えば帰れるんですから」と通訳は諭すように言う。

「明日、用事があるから早く帰りたい。いつ帰れますか」と改めて問うたが、「そういうことは私に言われても分かりません」としか答えは返ってこなかった。

この後、所持品検査が行われ、所持品目録が作成された。

502号室に帰されると、ベッドの向かい側にあるソファに、Tシャツを着てジャージをはいた男が2人、黙って腰を掛けている。監視役だ。

「お前はここで生活するんだ」

私はどこか別の場所へ連れていかれると思っていた。時計もテレビもないところで生活するのか。ふざけるなと心の中で叫ぶ。それでも大した日数ではないだろうと、その時はたかをくくっていた。

しばらくすると、夕飯が運ばれてきた。卵とトマトを炒めたものをのせた麺。チャーハンと同様に中国では一般的な家庭料理だ。空腹感はあったが腹が立っており、食べる気になれない。それでも一口食べたところ、麺が伸びきっていて食べられたものではなかった。

「こんなもの、食べられるか。いらない」

「食べた方がいいぞ。お腹が空くし体に悪いから食べろ」と監視役の男は言ったが、この後は手を付けなかった。

数時間後、再び504号室へ連れていかれた。何年生まれか、本籍はどこか、家族は何人か、どこの大学出身か、仕事は何をしてきたのかなど、身の上を聞かれた。

次に、中国人の知り合いの名前を全部書けと紙を渡された。ビッグネームを出して驚かせようと思い、過去に会ったことがある胡錦濤前国家主席、李克強首相（当時）ら**中国共産主義青年団（共青団）**幹部らの名を書き連ねた。

「こういう幹部ではない。他にもたくさんいるだろう。友人がいるだろう。それを書け。日本の中国大使館にも友人がいるだろう。それも書け」

肥満体型の男が追及してきた。私は大使、公使の名前は書いたものの、友人の外交官らの名前は出さなかった。

肥満体型の男が左腕にはめた大きな腕時計を見たら、既に午後11時40分をさしていた。「明日また取り調べるから」と言われ、初日は終わった。

部屋に戻り窓を開けようとしたら、「ダメだ」と制止された。外の空気が吸いたい私は「何でダメなのか」と理由を求めたが、「決まりだ」とにべもない。

ベッドの枕の方に頭を置いたら、また「ダメだ」と言う。足の方に頭を置けと。監視役の2人から顔が見えるようにしろとの指示だったように思う。

電灯を消そうとすると、「消してはいけない」と言う。明るいままなのと、自分の身に起きたことを反芻してしまい眠れない。家族にどうやって連絡したらいいだろうか。明日は新宿の中国料理店で、教え子たちとの食事会の予定もある。約1カ月後の8月6日は高校の同窓会だ。1975年に高校卒業後、初めての同窓会。41年ぶりで、私は同窓会の幹事でもある。この夜は、同窓会には間に合うだろうと思っていた。

やがて監視役が別の男2人と交代。監視役は4交代制だと分かったのは、しばらくたってからだった。外では犬の鳴き声が響いている。後で知ったのだが、この犬は逃亡者を捕まえるためにビルの敷地内に放たれているのだそうだ。

深く眠れず、うとうとした状態が続いていた。

「起きろ」。監視の男の声で浅い眠りから覚めた。室内に時計がないので分からないが、

中国共産主義青年団（共青団）——中国共産党の青年組織。エリートコースとされ、胡耀邦元総書記、胡錦濤前総書記、李克強前首相、胡春華前副首相はいずれも共青団トップの第1書記を務めた。だが共青団との関係を薄めようとする習近平氏が総書記となって以降、共青団出身者は冷遇されている。2022年10月23日に始動した習政権3期目の最高指導部からは李首相が外され、胡春華副首相は政治局員（24人）から中央委員（205人）に異例の降格となった。

早朝だろうか。カーテンの隙間からかすかに光が漏れてくるので、きっと朝なのだろう。

一つだけある窓に掛かった黒く厚いカーテンは閉じたままだった。

「開けていいか」と問うたが、「開けてはいけない」と監視役に言われた。外は見せられないということなのだろう。

朝食は中国式蒸しパンのマントウとおかゆ、漬物。食事はすべて携帯ジャーに入ってくる。私はおかゆと漬物だけでいいと言った。室内に私の椅子はなく、ベッドに座り小さな丸テーブルに置かれたおかゆを黙々と食べた。相変わらず寡黙な男2人がこちらを見ていて、まったく落ち着かない。しかし、前日からの空腹もあり、朝食は完食した。

食べた後はジャーを自分で洗わせられた。毎食とも自分で洗うというのがルールだった。朝食後には毎回、血圧を測られた。

部屋にはシャワーがあり、毎日浴びることが認められていたが、私は2日に1回しか浴びなかった。バスルームにドアはなく、常に監視の男が見ている。精神的に本当につらい時間だった。

「居住監視」という名の監禁生活

弁護人を依頼することは禁じられた。日本大使館に連絡をとるよう再三にわたり要請したが、「今から大使館に連絡する」と聞いたのは7月20日の午後5時半だった。私が拘束されたのは7月15日。日・中領事協定で4日以内に大使館に連絡を入れることになっているのに、連絡したのは5日後の7月20日。のちに分かったことだが、私の「居住監視」は7月16日に始まっており、4日の起算はその7月16日からだったようだ。拘束されたのは15日なのに、何でこういうことになっているのか、いまだによく分からない。

私の記憶では、その1週間後の7月27日になってようやく大使館員が訪ねてきた。カレンダーも時計もない日々だから、拘束されてから12日後だったろうというぐらいの記憶しかない。

用意された面会室は大きな応接室だった。部屋の中には取り調べを担当している2人と若い通訳がいる。時間はわずか30分しかなかった。

拘束された理由に会話が及ぶと、取調官から注意された。2回ほどそういうやり取りがあった後に、「あと2回言ったら、今日の面会はそこで中止だ」と注意された。

大使館員の話では、現在の身柄拘束は「居住監視」と呼ばれる中国の法に基づいた手続きだという。日本でいう逮捕でもないのに、拘束が許される。「居住監視」と言えば聞こえはいいが、実態は監禁そのものだ。居住監視は3カ月間と規定されているが、延長が許されている。大使館員は私にこう告げた。

「あと1回延長されて、まあ6カ月でしょうね。長期戦になります。気長にやってください」

「気長に」と言われ、気が抜けたような気持ちになった。大使館員が面倒くさそうに仕事をしている雰囲気が、こちらには伝わってきた。

「大使館の顧問弁護士を雇えませんか」と聞いたが、「35万元（当時のレートで約560万円）かかります」と言われ、驚くと同時にあきらめた。

大使館員がすすめてきたのは、中国の法律扶助制度（中国では法律援助と言っている）に基づき無料で弁護士を雇うことだった。ただこの時、私は居住監視期間中には弁護士を雇えないとは知らなかった。

面会の最後に、日本への言付けはないかと聞かれ、家族、知り合いの国会議員、旧知の新聞記者の名前を挙げた。のちに分かることだが、家族以外にはまったく連絡がいっていなかった。この話は第4章で詳しく触れることにする。

居住監視下の話に戻るが、監視役の男たちはほとんど会話に応じなかった。腹を空かした私の前で、お菓子をバリバリ言わせながら食べている監視員もいた。

だが、私と同年代の男だけは違った。四角い顔に角刈りで、身長は180センチ超。見た目は恐ろしいが、優しかった。室内ではお茶を飲むことも禁止されていたが、お湯は許されており、角刈り男は頻繁にお湯を出してくれた。

「食べ物は何が好きか」

そう問われた私がスープを飲みたいと言うと、中国の酸っぱく辛いスープ「酸辣湯(サンラータン)」を食事の際にこっそり持ってきてくれたこともあった。いつしか角刈り男と会うのが楽しみになっていた。

拘束されてしばらくたった頃、取調官のひとりが、

「私のことは『老師(ラオシー)(先生の意味)』と呼べ」

と要求してきた。

バカバカしいし、ふざけるなと思ったが、そうやって「主従関係」でも作ろうとしているのだろう。老師の口癖は「我々は信頼関係を作ることが大切だ。何でもしてやるから言

え」だったが、これも自分が優位に立つための口上だろう。

スパイ容疑の驚くべき杜撰な根拠

取り調べが進むにつれ、私の「容疑」がおぼろげながら見えてきた。2013年12月4日、日本で付き合いのあった中国政府の外交官、湯本淵（タンベンヤン）さんと北京で会食をした際の会話が問題視されているようだった。湯さんは駐日中国大使館の公使参事官を務めていた。2013年7月に中国に帰国。**中国共産党中央党校**に入るというエリートコースを歩んでいた。

老師は、この日の湯さんと私の会話を把握していた。ということは、既に湯さんも拘束され取り調べを受けているのだろうと私は思った。盗聴もされていたと私は疑っているが、今となっては分からない。

老師はある日、「北朝鮮に関する話をしただろう。慎重に扱うべき話題であり違法だ」と突きつけてきた。

当時の会話を思い出そうとした。というのも、ちょうど湯さんと会食をする直前、北朝鮮の故金日成（キムイルソン）主席の娘婿、張成沢（チャンソンテク）氏の側近2人が処刑され、張氏の行方も分からないと韓国政府が韓国の国会議員に伝え、この国会議員がマスコミに発表していたからだ。この報道が日本であったのは2013年12月初めのことだ。会食の際、私は湯さんにこの情報について「どうなんですか」と聞いたなと思い出した。だが、湯さんの答えは単に「知りません」というものだった。

「処刑のニュースは公開情報だった。北京に来る前に日本の新聞社も報道していた。おまけに、湯さんは『知りません』としか言っていない。なぜ違法なのか」

老師に迫ると、

「中国国営新華社通信が報じていなければ違法だ」

との答えが返ってきた。

中国共産党中央党校―共産党の幹部を養成するための組織。職位が上がる前に必ず党校に入学し、3～6カ月、党の政策、歴史などについて教育を受ける。中央党校はエリートコースで、党中央および地方の高級幹部になるには同校で学ぶことが必要になる。また、地方各級機関においても党校が設置されている。

植林起工式で代表として挨拶する筆者。この時、国家安全部の人間が身分を隠し、
ボランティアとして筆者に随行していた＝中国・錦州で2010年6月、筆者提供

私は耳を疑った。一体、この国の法制度はどうなっているのか。こんな程度の会話で拘束できる法制度、人権感覚に、怒りと呆れが交錯した。しかし、これがスパイ容疑を構成することになるとは、その時は思ってもいなかった。容疑固めをするために何でも聞くのだろう。そんな程度の認識だった。

ちなみに、北朝鮮の治安機関である国家安全保衛部は２０１３年12月12日、張氏に対する特別軍事裁判を開き、国家転覆の陰謀行為を働いたとして死刑判決を下し即時執行した。このことも当然ながら全世界で報道された。こんな情報のどこが「違法」なのか。

３人組による取り調べが続く中、ひとりの男が珍しく口を開いた。老師がお茶を入れに

植林活動に参加する筆者(左から4人目)＝中国・錦州で2010年6月、筆者提供

廊下に出た時だった。

「お前とは一度、会ったことがある。覚えていないか」

30歳前後で浅黒い肌にオールバックの髪形。ギョロリとした目が印象的だ。どこか見覚えがある。私は思わず「あっ!」と声をあげた。

2010年6月、植林事業のため、遼寧省錦州市を訪ねた時のことだ。私は日中青年交流協会の理事長を務めており、植林事業の際は代表団の団長だった。その時、私の手伝いをしてくれたのがこの男だったのだ。北京からのボランティアという話だった。

中国では1998年の長江の大水害を機に、自然災害の防止を目的に各種の植林事業が始まっていた。1999年7月、小渕恵三首相

歓迎式典に臨む小渕恵三首相（当時・左）と朱鎔基（しゅようき）中国首相（当時）＝北京・人民大会堂で1999年7月9日、共同通信提供

（当時）は訪中の際、植林のために100億円規模の基金を設立すると表明。同年11月には日中両政府で交換公文が取り交わされ、日中民間緑化協力委員会が設立された。日中青年交流協会はこの植林事業を請け負っていた。日中首脳の肝いりで始まった友好活動の現場にまで、国家安全部の監視の目があったとは。驚きのあまり、私はしばらく言葉が出なかった。

太陽の光に涙が止まらず

取り調べはその後も続いた。調べが終わっても、本は読めず、テレビもない。紙やペンの使用も禁止。何もすることがない。話し相手はおらず、食事とシャワーの時間以外は、ただベッドにじっと座っているだけだ。

運動は許されていた。歩けとよく言われたが、小さな部屋の中の往復のみだ。他に許されたのはベッドに手を置いた腕立て伏せと柔軟体操だけだった。鏡もなく、自分の姿さえ見ることができない。食事が入っているジャーのステンレスの皿にぼんやり映る自分の顔を見ていた。

頭がおかしくなりそうだった。拘束された日にうっとうしいくらいだった太陽が、ひたすら恋しい。一度でいいから見たい。拘束からおそらく1カ月ほどたったある日、私はその思いを老師に伝えた。

「太陽を見させてくれませんか」

「協議するから待て」

翌朝、老師が502号室に来て、「15分だけならいい」と許可してくれた。部屋から廊

北京市国家安全局の内部の様子

居住監視されていた7カ月間のうち、太陽を見たのはたった一度だけだった。

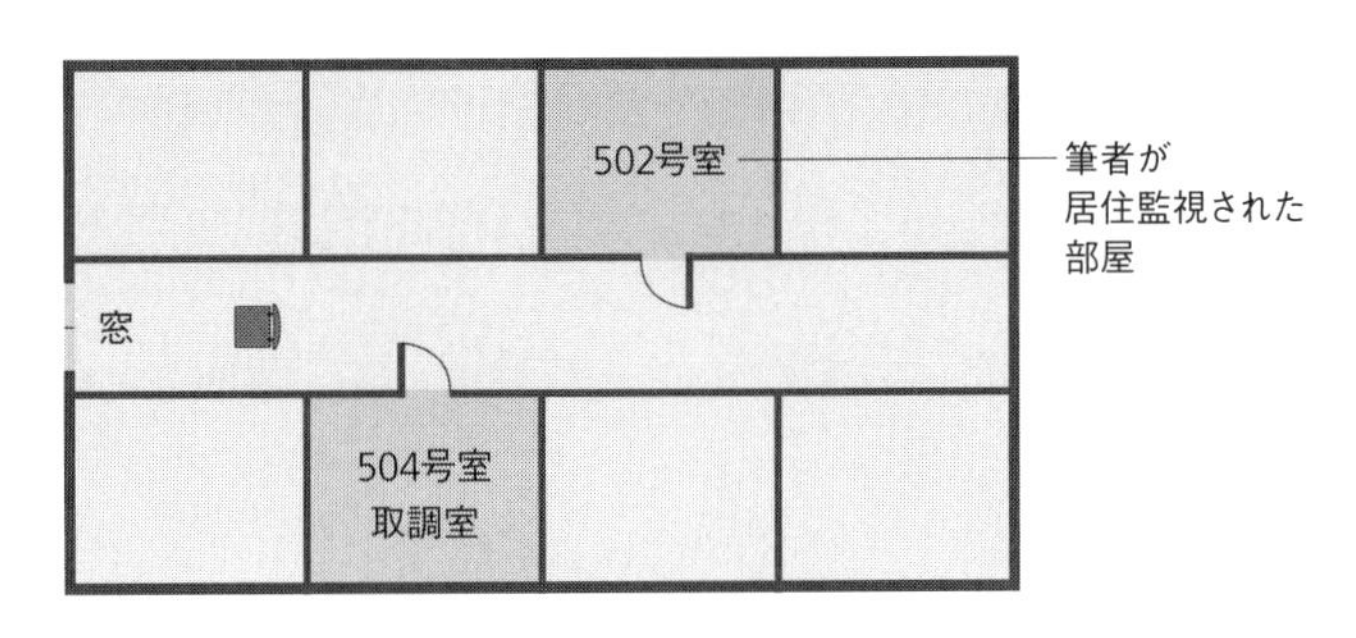

廊下の突き当たりにある窓から約1メートル手前に置かれた椅子に座り、
太陽の光を15分間、見ることができた。
もっと近くで見たいと思い、窓に近寄ろうとすると「ダメだ」と叱責された。

下に出されると、窓から約1メートル離れた場所に、椅子がぽつんと置かれていた。座ると太陽が視界に入った。

「これが太陽かあ」

涙が出てきた。もっと近くで見たい。窓際に近寄ろうとすると、席の後ろにいた男に「ダメだ」と制止された。窓からは建物の周囲が見えるからだろう。すべてが秘密に包まれた場所だった。

「終わり」

15分後、無情な声が廊下に響いた。太陽を拝めたのは、7カ月の居住監視生活でこの1回かぎりだった。

私が拘束されたことは、毎日新聞では同年7月28日付朝刊で以下のように報道された。

中国当局による日本人拘束について記者会見する菅義偉官房長官（当時）
＝首相官邸で2016年7月28日、共同通信提供

東京都内の日中交流団体の幹部を務める男性が今月中旬に北京を訪れた後、連絡が取れなくなっていることが分かった。日中関係筋によると、スパイ容疑で中国当局の取り調べを受けている可能性もあるという。

関係者によると、男性は今月10日ごろに北京に向かい、15日には帰国する予定だった。だが、27日になっても勤務先に連絡がない状態という。中国では昨年、浙江省などでスパイ活動をしたとして、日本人の男女計4人が拘束された。

（2016年7月28日付毎日新聞朝刊）

こうした報道を受け、菅義偉官房長官（当時）は同28日午前の記者会見で、私の拘束を日本政府として正式に認めた。これも毎日新聞を引用する。

菅義偉官房長官は28日午前の記者会見で、東京都内の日中交流団体の幹部を務める男性が今月中旬に北京を訪問後に連絡が取れなくなっていることに関して「7月に北京市内で日本人男性が中国当局に拘束された旨、中国から通報があった」と述べ、拘束の事実を認めた。

拘束時の状況や、男性の職業など具体的な内容については「事柄の性質上、コメントすることは控えたい」と言及を避けた。スパイ行為については「我が国はいかなる国に対しても、そうした活動はしていない」と否定した。男性の健康状態については「特別問題があるという報告は受けていない」としたうえで、「邦人保護の観点から在外公館などを通じて適切に支援を行っている」と強調した。

（２０１６年7月28日付毎日新聞夕刊）

７カ月の居住監視が終わり、私が正式に逮捕されたのは翌２０１７年2月のことだった。

筆者の拘束から解放までの経緯

2013年12月4日	中国外交部高官と北京で会食
2016年7月15日	北京市国家安全局に拘束される
7月16日	居住監視が始まる
2017年2月16日	スパイ容疑で逮捕手続き。拘置所に身柄を移される
5月25日	起訴
8月 2日	1審始まる
2019年5月21日	1審で有罪
2020年7月15日	2審始まる
11月9日	2審で懲役6年の実刑が確定。刑務所に収監
2022年10月11日	刑期を終えて出所、帰国

逮捕後に身柄を北京市国家安全局の拘置所に移され、同年5月に起訴された。２０２０年11月にスパイ罪で懲役6年の実刑判決が確定し、刑務所に収監された。

帰国は２０２２年10月11日。6年以上にわたった監禁生活で、私の体重は96キロから68キロにまで減っていた。

第1章

中国に魅せられた青年時代

学生時代に芽生えた日中交流への熱い思い

もう50年も前のことになる。中学校3年生だった私は国語の授業で魯迅(ろじん)の短編「故郷」の一節に触れた。

「思うに希望とは、もともとあるものともいえぬし、ないものともいえない。それは地上の道のようなものである。もともと地上には道はない。歩く人が多くなれば、それが道になるのだ」(竹内好訳)

英語で言えば、Where there's a will, there's a way.(意志あるところに道は開ける)に似ているだろうか。自らの意志で道を切り開いていく。その道を歩く人が多くなれば、それが大きな流れとなり未来を作り歴史となる。そんなロマンを感じた。

見送りの人たちに手を振って応える田中角栄首相（当時・右）と周恩来首相（当時）
＝中国・上海空港で1972年9月、共同通信提供

その時の先生の言葉も忘れられなかった。

「これからの時代は、中国が必ず世界の大国になる」

中国はこの地球上で、かつてずっと大国であった。イギリスに侵略されて以降、冬の時代に突入したが、必ず中国は復活する、子どもも心にそんなことを思った。近年の中国の成長はまさに、先生のこの時の言葉を裏付けた。

中国は当時、文化大革命のさなかであった。日本に伝わってくるのは中国の官製ニュースだけで、文革に少なからず影響を受けた。その後、米国のヘンリー・キッシンジャー大統領補佐官（当時）が中国を電撃訪問し、中国は米国との国交回復に向け急速に動き出した。日本国内でも中国との国交正常化に向けた動きが盛んに伝えられるようになり、私は日々のニュースに注目していた。

この頃よく開かれていた中国物産展にも通った。「毛沢東語録」や人民帽などを買っては喜んでいた。日中友好協会が出版した『日本と中国』を購読したのもこの頃である。中国に大きな希望を持つとともに、日中の交流が始まることに大きな期待をかけていた。

日中国交正常化は高校1年生の時だった。1972年9月、周恩来首相（当時）が人民服を着て北京空港に田中角栄首相（当時）を迎えに行き、田中氏の手を握りちぎれんばかりに振ったことが強い印象として残った。日本と中国の交流に関係するような仕事に就きたい。その頃から漠然とそんなことを考えるようになった。

大学卒業後、全農林労働組合中央本部書記局に入局し、政治、国民運動、国際交流に従事。特に国際交流では社会主義国との交流を担当し、日本労働組合総評議会のカウンターパートであった中華全国総工会（中国の労働組合のナショナルセンター）との交流が始まったことをきっかけに、事務局を担当。中国に行きたいとの思いをいよいよ強くしていった。

日中交流に人生を賭ける決心をする

初めて中国を訪問したのは1983年8月のことだった。社会党青少年局訪中団の団員として、北京、ハルビン、長春、上海を訪れた。団員の中では私が一番若かった。中国東北部では日本の侵略の実態を調査した。個人としては作家の森村誠一氏が既に訪問していたが、日本からの訪中団としては初めて「731部隊跡」を訪れ、大きなショックを受けた。

北京では人民大会堂で喬石(きょうせき)氏（のちの全国人民代表大会常務委員長）に面会。また私にこの後大きな影響を与えることになる張香山(ちょうこうざん)の講話を初めて聞いたのもこの時だった。張香山は日中国交正常化交渉に外交部顧問として参加し、その後、**中国共産党中央対外連絡部（中連部）**の副部長や顧問、中国国際交流協会副会長、日中友好21世紀委員会の中国側座長な

中国共産党中央対外連絡部（中連部）―中国共産党中央委員会直属の機関で、党の外交を担っている組織。1951年設立。1982年以降は政党外交が中国外交の一つの柱になったことから、世界の600以上の政党と交流を持っている。特に北朝鮮との外交は、外交部（日本でいう外務省）ではなく中連部が担っている。

初めて張香山氏（左）と懇談する筆者＝北京飯店で1984年7月28日、筆者提供

どを務めた対日関係の重鎮だ。

この訪問の受け入れは**中華全国青年連合会（全青連）**だったことから、彼らとの交流も始まった。中国から日本の家族に出したハガキには「空気も空もすべて新鮮です」と綴っており、今思い出してもその感動がよみがえってくる。

1984年、社会党が大型青年代表団（176人）を派遣することになり、この時も受け入れは全青連だった。私は最も若い副団長として参加、北京、西安（シーアン）、上海を訪れた。北京の学習会では張香山の講話を聞き、団の代表として彼に質問するという好運にも恵まれた。

夜の宴会で張香山が私のテーブルに来て、「いい質問でしたね」と言ってくれ一緒に写真を撮ることもできた。

帰国後、中国関係の本をむさぼるように読んだ。とにかく中国に関する知識を貪欲に求めていた。自費で参加できる者を募って代表団を結成し、私は事務局長として参加し訪中した。毎回、張香山との面会や懇談が実現し、また食事もご馳走になった。

全青連にも訪問し、青年団との交流にも努めた。私は社会党の土井たか子衆議院議員(当時)と親しい関係にあったことから、中国側も私を丁重に扱ってくれたし、張香山との交流の深さも対日関係者の間で知られるところになっていた。こうした交流を通じて、私も本当に中国が好きになっていった。

当時の私は全農林労働組合の書記局員という立場ではあったが、土井氏の事務所が出してくれた通行証を使って国会にもよく行っていた。1990年、私は社会党の竹内猛(たけし)衆議院議員(当時)の秘書になった。竹内氏は社会党の中で中国通のひとりであり、党の日中

中華全国青年連合会(全青連)——中国共産主義青年団を中核とし中華全国学生連合会、中国青年先鋒隊、キリスト教青年同盟などによって結成された会員3億8000万人を擁する中国で唯一の党派などを超えた統一戦線組織。

委員会委員長だった。中国関係については理解があり、竹内氏からは「中国との関係は大切で運動としても重要なので、仕事と別に好きにやってほしい」と言われていた。休みには短期間の訪中もしていた。

社会党に中国の訪問団が来れば、必ず出席し交流を深めていった。中連部から代表団が来た際には、ほとんどの人が私を知っていたことから国会議員たちに驚かれたりした。「中国については鈴木に聞け」と国会議員の間にも私の名前が広まり、よく質問を受ける立場になった。

当時の社会党は定期的に訪中使節団を送り、その都度勉強会が開かれ参加していた。その勉強会では、当時、大きな論点になっていた周辺事態法について外務省の中国課長を質問攻めにし、国会議員たちから褒められたこともあった。駐日中国大使館には中連部から派遣された外交官が来ており、その人たちを通して大使館とも良好な関係を築くことができた。社会党内では、私が中国通として知られるようになっていた。

1996年、竹内氏が衆議院議員を引退し、さらに衆議院議員選挙が小選挙区比例代表制に変わることを考慮して、私は国会からは離れることにした。日中両国の友人たちに相談し、中国で日本政治を教えることを決意した。私の人生を中国との関係に賭ける決断をしたのはこの頃だ。私は39歳だった。

中国での教員生活がスタート

1997年3月、私は北京外国語大学日本語学部の外国人教員となった。中国の友人から、この大学で日本政治を教える教員を探しているという話が来たのだ。**国家専門家局**による「文教専門家」としての招請であった。保証人は張香山が引き受けてくれ、推薦文も書いてくれた。同大学の3、4年生に日本政治を教え、任期は1年だった。この時は、その後5年間にわたり中国の大学で教鞭をとることになるとは思っていなかった。

1学年2クラスに週1回の授業だったので、週4コマである。1時限は1時間30分。月

国家専門家局―中国の発展のため外国より専門家を招請するために設けられた組織。大学教員や科学者、エンジニアなどの専門家を国費で招いている。主要な国に国際人材交流協会の名前で支部を置いており、人材を募っている。

『中日民間交流50年』(世界知識出版社)で
「外国語大学で教鞭をとっている日本の友人鈴木英司氏は暇を利用して
中華料理の作り方を学んだ」と紹介された＝北京で1998年2月、筆者提供

給は3000元で、当時の為替レートは1元18円だったため、日本円に換算すると5万4000円。これは中国政府の副局長級の給与水準であった。と言っても、この金額はのちに帰国する際の航空運賃にも及ばなかったし、当時は最低でもひと月40万〜50万円の給与を受けていた日本企業駐在員とは雲泥の差であった。

住宅は外国人教師寮に入っていたため賃料はかからなかった。そして、私は中国が招請した教員であるため、当時、電気料金等の公共料金はすべて無料であった。年1回の帰国時の航空料金は中国政府が負担した。

当時、北京市内には日本人教師が何十人かはいたが、すべて日本語教師であり、私だけが大学の日本語学部で日本政治を教えていた。日本人ということで、授業の初めから日中関係、とりわけ靖国神社への参拝問題など、日本の「侵略戦争」について学生たちから質問されたが、私がほぼ完璧に対応したことで、学生たちからは高い評価を得ていたと思う。学生との関係を作るため、学生と一緒に遊ぶことにも力を入れた。学生たちをよく酒を飲みに連れていった。

また、学期に2回ほど、クラスごとに学生を部屋に招いて料理を作り、酒をご馳走したりもした。最後にカレーライスを食べることから、カレーパーティーの名称が付いた。

夕方はほぼ毎日、グラウンドでひとりジョギングをしていた。学生たちの中に入って打ち解けることにも心がけていた。学生寮に行っては、よく学生たちとビールを飲んでいた。また、ユーゴスラビアで米軍が中国大使館を爆撃した際には、アメリカ大使館へのデモに学生と一緒に出かけたこともあった。

北京外国語大学の日本語学部としては、初めて私が日本大使館に呼び掛け、大使館から書記官たちを大学に呼び、専門分野について講義をしてもらうことも始めた。今はキヤノングローバル戦略研究所研究主幹になっている宮家（みやけ）邦彦氏（当時は在北京大使館公使で広報文化を担当）の講演は、学生たちの間で大きな反響を呼んだ。

日本語学部が主催する「日本文化祭」の準備では大学側にカネがないということもあり、学生を連れて各企業を訪問、「広告費」という形で協賛金を募集。学部側からは、「学生たちがお金をもらうなんて恥ずかしい」との批判もされたが、学生に対し日本（資本主義）における企業の社会的使命と契約についての理解を深めることに尽力した。

学生の就職活動も支援し、**文化部**、中連部、総工会、共青団、共青団が経営する青年旅行社に多くの人材を就職させた。

教員としての滞在以前より特に北京には多くの友人がいたことから、中国社会、中でも中連部、共青団との交流を通じて中国の政治外交への関係を特に強めることができた。張香山との関係は多くの人が知っており、それがゆえに多くの対日関係者が大切にしてくれたことは忘れがたい。

中連部宿舎や独身寮に顔パスで入れたのも、私だけだったろう。当時からの友人は現在、副部長、局長らを含め高いポストに就いている。簡単に中国の党や政府の役職について触れておくと、中国では部長が日本で言う大臣にあたる。例えば、日本の外務省は中国では外交部となり、外相は外交部長となる。つまり、部長は大臣級、副部長は副大臣級で、局長の上にあたる。

日中関係について勉強すること、特に国交正常化の歴史を学ぶのが肝要と考え、張香山には年に4、5回面会した。食事をしながら話を聞き、のちに最も「張香山と親しい日本人のひとり」と言われるようになれたのも、この時の経験が大きかった。張香山の厚意で、彼の著書『日中関係の管見と見証』を翻訳し日本で出版したのもその頃であった。中国共産党の初めての対日政策策定までの経過とその内容がこの本には含まれており、歴史資料としても貴重な著作であった。

同様に、中国社会科学院の蔣立峰（しょうりっぽう）・日本研究所所長との長年の友情もあり、同院で行うほぼすべての日中関係のシンポジウムに参加させていただき、多くの学者たちと交流を深めることができた。研究への興味が出てきたのもこの頃である。蔣氏は、私が初めて日本で交流した中国人で、1982年当時、早稲田大学に訪日学者として短期留学していた。

日本の学者はもちろんのこと、中国の学者とも友情を深めたことで、地方の学者とも親しくなり、講演で地方の大学を何度も訪れ、地方の実情についての理解も深まったことはとても有意義であった。

文化部――日本の文化庁にあたる。

1997年の訪中に際し、友人たちからたくさんの餞別(せんべつ)を頂戴した。これをすべて自分で使ってしまっては何も残らないと考え、中国がすすめる「扶貧活動」の一環として中国国際交流協会を通じて中国の貧困地域である陝西(せんせい)省彬(ひん)県に1万元（当時のレートで約16万円）を寄付した。

大学には寄付のことは秘密にしておいたが、私宛の約50通の手紙が大学に届き、それが陝西省彬県の小学生やその保護者からということが分かり、私が行った扶貧活動のことが大学に知られることになった。

話によれば、47人の小学生が2年間文具を買う必要がなくなったということだった。寄付額としてはそんなに大きなものではなく恥ずかしくもあったが、学生会が学内掲示板に私のことを書き、それが「北京晩報」という北京の夕刊紙に報道された。国家専門家局の季刊「国際人流」にも掲載された。

学生のために尽力し、充実した教員生活

1998年7月まで北京外国語大学に在職。その後、外交人材の育成を目的とし、中国外交部が所轄する外交学院に異動してからも、北京外国語大学の非常勤講師として週に1コマ、日中関係を教えていた。3、4年生に日本社会と日本政治を教えた。しだいに各界に友人も増え、ますます多忙な生活を送るようになった。

外交部の試験に落ちた外交学院の優秀な学生を中連部に入れるために働きかけたこともあった。その学生は現在、中連部幹部として活躍している。

外交学院の学生たちは皆、優秀であり、誰もが外交部に進み、外交官になることを目指しているものの、合格者は年間で若干名。これに学生たちは不満を抱いていた。小さい大学ゆえ少数精鋭で管理が行き届いていたので、学生たちの行儀はよかった。

また、中国きっての日本通のひとりであり、かつて周恩来の通訳を務めた中国文化部の劉徳有(りゅうとくゆう)副部長の自宅がほど近くにあったことから、月に一度くらいはお邪魔して、日中関係の歴史について教えていただいたことも、私にとっては貴重な機会だった。

好きな大学だったが1年で退職ということになった。当時飲み友達だった日本人教師は西安外国語大学に異動した。

この頃、中国での生活も快適になり、もっと中国にいたいと考えるようになっていた。

外交学院を退職後、新たな大学を探すために国家専門家局に頼んでいたが、北京の大学は希望者が多くなかなか見つからなかった。

そこで、私は当時、現役の対日関係者はもとより、既に退職した外交官や新聞記者たちによる中日関係史学会が２、３カ月ごとに日本からの友好人士（親中派）や政治家などを招き、開催していた定例会に毎回参加することにした。外国人の会員は私が初めてだった。特にここはベテランの外交幹部が多く参加するため、丁民（ていみん）副会長（故人）に頼んで国際関係学院の馮（ひょう）教授を紹介してもらい、同学院の教員に就任した。国際関係学院は国家安全部が所管する大学で、すべてが秘密主義。学生の名前はすべて偽名で、私は事務室にも入れなかった。授業終了後はすぐにアウディが迎えに来て帰宅させられ、給与も校庭で手渡しという異常な状況だった。

私は卒業式にも入学式にも、会議にも出られない。代わりに給与は４０００元（当時のレートで約７万２０００円）となり、住居は北京友誼賓館（ゆうぎひん）の専門家楼。毎朝、人民日報が届き、服務員が掃除までしてくれた。朝もアウディで学校まで送ってもらえ、待遇はとてもよかった。

国際関係学院の学生は皆、地方国家安全局関係者の子どもばかりで、卒業後は地方の安全局に入るらしい。そして、親の仕事を聞かれると必ず「公務員です」と言う。学生との交流はご法度で、学生と食事をすることも禁じられ、写真を一緒に撮るのも禁止という制限が付いていた。

教員同士の交流もできない特殊な学校である。学長は国家安全部の副部長であった。学費は無料。しかも、学生は国から給与（当時は100元）をもらっているので、親はカネがかからないらしい。その代わり、国家安全部以外の組織に就職する場合は、在学中に支払われた全額を返還しなければならなかった。

学校は世界遺産である皇帝の避暑地「頤和園（いわえん）」の裏にあった。中国共産党の高級幹部を養成する機関である中国共産党中央党校の隣で、近くには中央文献出版社や国防大学、国家安全部、少し行くと中国軍事科学院といった共産党関連施設があり、校舎の外れには社会科学院の台湾研究所（国家安全部が管理）があるという特殊な一帯だった。

国際関係学院では3、4年生と大学院生を教えた。私は同学院に2年間籍を置いたが、これは日本人として初めてのことであった。

この頃、社会科学院日本研究所所長の蒋立峰氏が「日本に帰って大丈夫か」と問うてきたことがあった。私が中国に深く入りすぎているため、日本で中国のスパイと疑われないかと心配してくれたのだろう。そんな私が、のちに中国で日本のスパイとして有罪になるとは……。

最後の勤務先は、他の学校の日本人教師の紹介で行くことになった中国人民大学だった。名門であるが待遇は悪かった。学生は優秀であるが、日本語学部に限って言えば、学生のレベルはそれほど高くなかった。教授陣もあまり質がいいとは思えなかった。

同校でも3、4年生と大学院生を教えた。この時、SARS（重症急性呼吸器症候群）が大流行し、学生は大学内に閉じ込められ3カ月間外出禁止。しかし、教員は外出が許されていたため、私は毎晩のように学外の居酒屋に行き、日本酒は発酵物であるためSARSに効果があるという話から、他の日本人たちと酒盛りをしていた。

中国人民大学のことはあまり好きになれず1年で退職した。そろそろ日本に戻りたい気持ちにもなっており、同大学の退職を機に中国での教員生活を終え帰国した。

日中青年交流協会を設立

帰国後、ある国会議員の紹介もあり、社団法人日本海外協会の事務局長となった。ここで日中交流を行おうと考え、小渕恵三首相（当時）が呼び掛けたことから「小渕基金」と呼ばれる「日中緑化基金」の植林事業に、同協会として参加するための道筋をつけた。

中華全国青年連合会（全青連）が中国側の有力なカウンターパートだったことから、代表団の交流なども行った。

しかし、日本海外協会は外務省認可の組織で、従来ブラジルとの交流が主であった。中国との交流に外務省が難色を示したことから、同協会で中国との交流を継続することは困難と判断し、私は賛同してくれる関係者や事務局員らの支援のもと、日中青年交流協会を設立することにした。

２０１０年10月、正式に一般社団法人として認められたことによって、同協会が誕生した。

これを受け、中国側では全青連も全面的な支援を約束してくれた。さっそく小渕基金による植林活動に取り組むことができた。

中国の魅力を伝えるために奔走する日々

私は中国との交流を通じて、多くの対日関係者と出会い、親交を深めてきたが、特に高官たちとの交流を目指していたわけではない。1983年に初めて中国を訪問して以降、交流のあった人たちが局長級、副部長級、部長級の地位へと出世していったということだ。中連部副部長の劉洪才（りゅうこうさい）氏や部長補佐の李軍（りぐん）氏、文化部長になった蔡武（さいぶ）氏、全国人民代表大会常務委員会副秘書長の曹衛洲（そうえいしゅう）氏らが挙げられる。

北京外国語大学の教員に就任以降に初めて会った人で、友人として親しく付き合ってもらったのは文化部副部長で周恩来の通訳として著名だった劉徳有氏である。私は張香山との関係もあることから、他に副局長級、局長級との交流は多数に上り、面会ができる高官も増えていった。

中国側の対日関係者からすれば、張香山の友人である私は中国にも詳しい友好人士であり、日本の国会、政治情勢についても詳しい存在と映ったのではないか。中国の大学で教えた経験があるということも大きかっただろう。彼らが私をお客としてではなく、「鈴木（リンムー）」と言って友人として交流してくれたことは有り難いことだった。

共青団の国際部は交流窓口の一つで、長く付き合ってきた。李克強前首相が共青団の国際担当書記だった1980年代、北京で2人きりで2回会ったことがあった。李氏の当時の序列は書記として4番目であり、こんなことを書いては失礼だが、当時は首相にまで出世する人物だとは思っていなかった。また、印象も決してよくはなかった。

胡春華前副首相がチベット共青団のリーダーだった1990年代に来日した際には、知人の紹介で会い東京・赤坂見附のスナックでウイスキーを飲んだ。驚いたのだが、胡氏にとってはこれが人生で初めて飲むウイスキーだったらしい。2008年に北京の人民大会堂で開催された胡錦濤国家主席（当時）主催の宴会に出席した際、共青団トップの第1書記になっていた胡氏は「私に初めてウイスキーを飲ませてくれた方でしたね」と声を掛けてくれた。その記憶力には驚嘆した。

かつて一緒に活動してきた友人たちが高官になってからも交流を行っていることは、私にとっては大きな喜びであった。彼らと一緒に交流を進めることで、相互理解がより深いものになったのではないかと思っている。

日中友好関係者の大部分が高齢化している中にあって、当時、私は若かったことから、中国側は大きな期待をしてくれていたと思う。私としても自らの活動に自信を持つようになっていた。中国側は私の発言を尊重してくれていたし、またそれによって日本国内の関係者も私に対して一定の評価をしてくれるようになった。

日本においては当時、青年の中国との活動への参加が少ない状態の中で、次世代を担う日中関係の活動家として、私には期待が寄せられていたようだ。当時、日本に存在していた日中友好7団体の一つである日中協会の理事に最も若くして就任できたのもこの頃であった。特に、私にいろいろ助言を与え支持してくれたのは、当時の日中協会理事長の白西(しらにし)紳一郎氏(故人)だった。

講演の機会も増え、東京都内の大学において「中国研究」など、中国に関する授業を講師として担当するようにもなった。

交流の中でも青年交流を拡大し将来の日中関係を良好なものにすることは大きな意義があり、一つ一つの具体的な交流を通して、それを実現していこうと考えていた。教え子たちを中国に連れていったりもした。

併せて中国についての生の知識を得ることの重要性を常に感じていた。そのために訪中の度に対日関係者との意見交換に努めるようにしていた。幸い、彼らは私との面会には何の抵抗もなく応じてくれた。

北京の日本大使館の人たち、特に政治部も私からいろいろ聞きたいと求めてきたりもした。大使館の交流は主に外交部が窓口になっており、中国共産党の外交を担う中連部とは、大使館はあまり交流がなかった。在北京の新聞記者たちも同様に中国外交の情報について私の意見を聞いてくる機会も増えていた。同時に、東京では中国大使館が私に協力してくれていた。

日中双方の情報について理解を高めるとともに、私が中国側の主張に近い発言を日本でしていることが、中国側の私への協力がより強くなる要因だったのではないかと思っている。歴史認識問題、靖国神社への参拝問題、尖閣諸島の問題など、私は日本側の主張よりも、むしろ中国側の主張を日本の中で発言していた。

日本の友人たちからは「鈴木さんは日本よりも中国の方が好きだ。鈴木さんの主張は中国側に偏っていて受け入れられない」などと批判されることも多々あった。そんな私が日本のスパイとして中国で拘束されようとは、まったくもっておかしな話である。

私が拘束された2016年7月は、日本の市民団体、ND（New Diplomacy＝新しい外交）と中国国際友人研究会が開くシンポジウムの打ち合わせのための訪中だった。このシンポジウムは私の提案だった。

日本からは私を含めて4人で訪中した。初日は4人全員で北京の中国国際友人研究会に行き、交渉を行った。双方がシンポジウム開催で合意したことから、文書に署名をした。文書の原案も私が作成したものだった。この日の夜は、同研究会主催の宴会に招待された。

2日目は中日関係史学会に行き、当時の日中関係について同会幹部と意見交換を行った。

3日目の朝の便で私以外の3人は帰国した。私は北京に残り共青団他、中国国際交流協会の友人たちと意見交換をした。夜は、日中国交正常化交渉の際に中国側の事務局のひとりだった丁民さんと夕食をとり、当時の日中関係や両国の歴史について語り合った。

4日目は、骨董品や書、絵などを売る店が集まる琉璃廠（るりしょう）を散策し、友人と昼食をとった。その後、買い物などをし、夕刻から友人と夕食をとった。

そして拘束された5日目がやってきた。午前10時に日本の新聞社の北京支局記者と北京飯店でコーヒーを飲みながら面会。その後、二十一世紀飯店内の飲食店で友人と昼食をとったのはプロローグで触れた通りだ。その時はあれほどの苦難が私を待ち受けているとは、まったく思ってもいなかった。

第2章

希望を奪われた拘束生活

居住監視下で迎えた還暦の誕生日

２０１６年7月15日、北京の空港で北京市国家安全局の男たちに突然拘束され、そのまま居住監視生活に入ったことはプロローグで述べた通りだ。以降、寝泊まりする５０２号室と取り調べを受ける５０４号室を行き来する生活が続いた。

つらい時、大好きな歌手、石川さゆりさんのヒット曲「津軽海峡・冬景色」や「天城越え」を歌いたくなった。だが、部屋では歌うことも禁じられていた。仕方なく、心の中で歌い、自らを鼓舞した。

取り調べの中心人物で、私に自分のことを「老師（先生の意味）」と呼べと言った男は、私と付き合いのあった中国政府の高官や日本人のことをしきりに聞いてきた。情報収集が目的なのは明白だ。あまり話してしまえば、知人らに迷惑が掛かる。詳しく話をしないように努めた。

だが、人間とは弱いものだ。取り調べ以外、何もすることがない。会話もない。そんな状況の中で、取り調べの最後に「明日は○○について聞く」と言われると、その夜はどう答えるべきかを考えてしまう。誰ともしゃべる機会がないので、次の日の取り調べでは、うっかり余計なことまで話してしまう。

私は人の経歴や学歴をよく覚えている方だが、自分や相手に不利になりそうな話を聞かれると「覚えていない」と答えないようにしていた。だが、付き合いのあった中国人について聞かれると、ついつい「彼はどこそこの大学を卒業した」などと話してしまう。そうすると「老師」から「お前は記憶力がいい。過去のことを覚えていないはずがない」と追及を受けたりもした。

取調官は非常にうまいやり方をしているなと思った。相手を極限にまで追い込み、自白させる、あるいは自分や中国の外交官に不利な発言を誘導していく。そういうノウハウがあり、それが居住監視という制度を生んでいるのではないか。

日本の代用監獄にも似ているが、居住監視の方が拘置所に比べ拘束できる時間が圧倒的に長い。居住監視は刑事訴訟法75条に定められたものであるが、中国の人権問題を考えるのであれば、この居住監視という制度を改めるよう国際世論を高めていくことが必要だろう。

取り調べの中で特に印象に残ったのは、日本での中国研究に関する質問だ。老師は日本の高名な教授たちが数年前に取り組んだ研究プロジェクトを挙げ、「どんな研究をしているのか」と問うた。

この研究は文部科学省の助成を受け、中国共産党の政策決定過程などを調べるものだった。私は「研究について聞いたことはあるが、詳しいことは分からない」と答えた。

すると、老師は恐ろしい言葉を吐いた。

「彼らは何を研究しているんだ？　中国研究など、しなくていい。我々は皆、そういう見方をしている」

この言葉には、「もし研究などすれば、我々としても黙ってはいないぞ」という意味合いが込められている。

これでは学者は怖くて中国に行けない。のちの話になるが、２０１９年には北海道大学の教授が北京で約2カ月にわたり拘束され、日本の中国研究者の間に衝撃が走った。日本在住の中国人学者が一時帰国中、当局に拘束される事例も少なくない。

502号室にカレンダーはなかったが、監視役から「今日は何月何日だ」と教えてもらえるなど簡単な会話はできるような関係になっていた。

2月7日、私は還暦を迎えた。まさかこんなところで還暦を迎えることになろうとは。一体、いつまで私の拘束は続くのか……。何が私の人生を狂わせたのだろう。そう言えば、父親からは常々、「中国は危ないから付き合いはほどほどにしておけ」と言われていた。そのことを思い出し、胸が締め付けられるようだった。

スパイ容疑で正式逮捕、居住監視から拘置所へ

数日後、いつものように朝、504号室に連れていかれると、一度も会ったことのない男が、これまで取り調べをしてきた「老師」の椅子に座っていた。きちんと制服を着ている。濃い青のシャツにネクタイ姿だった。左胸のワッペンには、「安全」の文字が書かれていた。国家安全部の警察官だろうと私は思った。

隣にはびっくりするほど目鼻立ちの整った30歳前後の女が座っていた。女も同じ色のシャツ姿だったが、ネクタイはしていない。シャツの下からはピンク色のセーターがのぞいていた。

男から氏名、生年月日などを聞かれたが、詳しい質問はなかった。

「今日は、調べはしないのか」と問うと、

「間もなく、お前と会うことになるから」

との答えだけが返ってきた。

その日の取り調べはそれで終わった。

翌朝、「移動だ」と告げられ、再びアイマスクをつけられた。車椅子に固定された状態でエレベーターへ。移動のためにクルマに乗り込むことはなかったから、同じ敷地内の別の建物に移ったのだろう。

新たな建物の地下にある取調室に入れられると、前日、504号室に座っていた2人組みの男女がいた。「これからは俺たちがお前の調べを担当する。北京市国家安全局のものだ。まずこれにサインしろ」と言われ、逮捕状を見せられた。そこには刑法110条違反のスパイ容疑で逮捕すると書かれていた。

「サインしたくない」と私は抵抗した。

「何を言ってもよい。言論の自由は保障する。黙秘してもいい。だが、サインだけはしろ。今後も同じだ。サインだけはちゃんとしろ」と迫られ、仕方なくサインした。横から女が冷たい目でにらんでいた。

取り調べが始まった。

「お前の案件は簡単なものだから、正直に答えろ。そんなに時間がかかる内容ではない」。話すのはすべて男の役割のようだ。

「懲役何年ぐらいになるのか」と、私は聞いてみた。

「俺が決められるものではない。職務上、検察に送るのが俺の仕事だ」。取り調べは、これまでに私が面会した中国高官との会話の内容などを中心に行われた。

この日の取り調べが終わると、スパイ容疑で正式に逮捕された。２０１７年2月16日だと知らされた。新たな監禁生活を送ることになる建物は、北京市国家安全局の拘置所であり、スパイやテロなどの容疑者専用の拘置所だった。この日、居住監視生活を送った古びたホテルのような部屋を離れた。

居住監視中は個室だったが、拘置所では同室者がおおむね2、3人いた。久々の話し相手に心がおどった。だが、部屋や同室者の組み合わせは定期的に入れ替えられた。親しくなるのを防ぐためだろう。

有り難かったのは、窓にカーテンが掛かっていないことだった。空には冬の太陽が雲の隙間から遠慮がちに顔をのぞかせていた。半年前に15分だけ太陽を見せてもらって以来の「再会」だ。

期待外れだった中国人の弁護士

人間の心理とは不思議なものだ。監禁されていることに変わりはないが、随分といい場所に来たように感じる。室内に監視カメラはあるが、監視員はたまにしか来ない。石川さゆりさんの歌も存分に歌え、ロシアとの関係で捕まったという同室の華僑に歌を教えたりもした。

逮捕後、北京市国家安全局による取り調べの回数はめっきり減った。居住監視時代は毎日のようにあったが、逮捕後は起訴されるまでに5回だったと思う。毎回、取り調べ後には供述調書を見せられ、制服姿の男がこう要求した。

「署名しろ。拒否してはならない」

逮捕状の時と同じだった。当局に都合のよい供述が積み重ねられているのだろう。署名するのは抵抗があったが、他に選択肢はなかった。

ある時はこんなやり取りもあった。

「日本の公安調査庁からの任務を帯びてきたんだろう。お前は日中友好人士の皮をかぶったスパイだ」と男が言ってきた。

「俺はスパイじゃないし、公安調査庁から任務なんて受けていない」と反論した。

しかし、相手は「公安調査庁はスパイ組織だ。ＣＩＡと同じ組織だ」とたたみかけてきた。

「何を言ってるんだ。公安調査庁はスパイ組織でもなければ、謀略機関でもない。ＣＩＡとはまったく違う」と主張したが、どうやら中国政府は公安調査庁をスパイ機関と認定しているようだった。

拘置所での最後の取り調べの時だった。男が聞いてきた。「湯と会った時に、朝鮮の話をしてないか」。中国人は北朝鮮のことを朝鮮と呼ぶ。

プロローグでも少々触れたが、私は2013年12月4日、日本で付き合いのあった中国外交部の高官、湯本淵さんと北京で会食をしていた。

湯さんとの会話はこうだ。北朝鮮の故金日成主席の娘婿、張成沢氏が処刑された疑いがあるとの報道が日本ではあったと私が言うと、湯さんは「知らない」と答えていた。これは日本で報道されていることでもあり、その後、私は大した内容ではないとあまり気に留めていなかった。このため、湯さんとの会話を問われても、瞬時に思い出せなかった。

「そうだな～。大した話はしなかったと思う」と記憶をたどっていると、「大した話かどうかはお前が決めることではない」と男は激高し、さらに質問を続けた。

こんな話がスパイ容疑につながるほどの問題かと思っていたが、同時に、居住監視の際に「老師」に詳細に話してしまったことは失敗だったかもしれないという後悔が脳裏をよぎった。そして、その時の懸念は、のちに現実となった。起訴状には、湯さんとの会話が起訴事由としてはっきりと書かれていた。このことは後述する。

2017年3月ごろだろうか。取調室に呼ばれた。北京市国家安全局による6回目の取り調べかと思ったが、この日は2人の検察官が待っていた。身柄が検察に送致されたということなのだろうと思った。検察官による簡単な取り調べが始まった。

「弁護士を頼む自由があるが、どうするか？」

この時、初めて弁護士を頼めることになり、検察官が法律扶助のための事務的な手続きをとった。日本では逮捕されたら弁護士がつく。しかし、中国では検察に送致されるまで、長い居住監視の間も含め弁護士はつかない。まさに冤罪の温床になる制度だと言える。

法律扶助による弁護士を頼むにあたっては資格審査があった。所持金の額などを調べる審査だった。金持ちであれば、中国の法律扶助制度は使えず、日本で言うところの国選弁護人は雇えない。

この日から検察の取り調べが始まった。3回目の取り調べの時だったか。検事から、弁護士が決まったからそろそろ来るだろうと言われた。その4日後ぐらいに弁護士がやって来た。頭は角刈りで恰幅のいい男だった。弁護士との会話もすべて録音されていた。

この弁護士は、まったく期待外れだった。とはいえ、中国の弁護士は全般的にそういうものなのかもしれない。裁判での話は後述するが、裁判前に弁護士が面会に来たのはわずか2回。私は「無罪を主張する」と弁護士に言ったが、弁護士は「その主張はやめよう。罪が軽減されるように頑張るから」と言うだけだった。

２０１７年5月25日、拘置所の地下の取調室に2人の女性裁判所書記官が来て、私は起訴だと知らされた。容疑を認める供述調書を示され、この時も「サインは拒否できない」と強要された。私はやむを得ず署名した。

起訴事由は次の2点だ。①公安調査庁が日本のスパイ組織だと私は知っていたにもかかわらず、中国に関わる情報の収集、提供の任務を請け負った、②2013年12月4日、北京市のレストランで中国の外交官、湯本淵さんと面談した時に、北朝鮮に関する情報を聞き取り、その情報を公安調査庁に提供した――というものだった。これが刑法110条に違反するという。

「公安調査庁が日本のスパイ組織である」というのは、中国政府の認定で、私にはそもそも公安調査庁がスパイ組織だという認識などない。確かに公安調査庁の職員の知り合いは何人かいたが、会食して中国情勢などについて意見交換をする程度のことだ。私がスパイの任務を帯びたことなど、あるはずもない。

このことは、取り調べでも明確に否定し、反論してきたが、「公安調査庁は日本のスパイ組織」と私が知っており、私は公安調査庁の代理人だと起訴状は決めつけた。

狙いは防空識別圏（ＡＤＩＺ）の情報ソースか？

話を少し戻そう。２０１３年12月４日の湯本淵さんとの会食だが、実はこの席には、毎日新聞社の高塚保・政治部副部長（当時）も同席していた。私と湯さん、高塚さんは、湯さんが駐日中国大使館の公使参事官だった当時、東京でよく一緒に食事をしていた。湯さんは大使館で政治部に所属しており、担当は日本の国会対策だった。そのため日本の国会議員に多くの知り合いがいた。

湯さんからすれば、高塚さんと会うのは日本政治の動向について意見交換をしたかったからということだろう。

高塚さんは２０１３年ごろ、外交の担当デスクをしていたので、あらゆる機会を捉えて湯さんに取材していた。だが、湯さんはこの年の７月25日、既に中国に帰国し、中国共産党中央党校に入っていた。12月４日の会食は、私も高塚さんも旧友を訪ねるという感覚だった。

湯さんとの北朝鮮に関する会話と言えば、張成沢氏が処刑された疑いがあるとの情報に関してのみだ。先述の通り、湯さんの答えは単に「知りません」というものだった。湯さんは日本問題の専門家であり、北朝鮮の専門家ではない。私がもし北朝鮮の情勢を知りたければ、中連部の友人（当時、朝鮮を管轄するアジア二局副局長）に話を聞く。２０２２年10月、釈放され帰国した後、高塚さんに聞いたことだが、高塚さんは張成沢氏に関する会話をしたことさえ覚えていなかった。まさに世間話である。こんな会話のどこに、スパイ容疑をかけられるほどの情報があるというのか。

張成沢氏が処刑された疑いがあるというのは、日本でも私が中国に出発にする前に既に報道されていた。居住監視の時、老師が私に「新華社通信が報じていなければ違法だ」と言っていたが、まったくもって滅茶苦茶な理屈だろう。

高塚さんは当時、毎日新聞が年末から始めた連載「隣人」の担当デスクだった。力を持ち始めた中国と対等に付き合うのは容易ではないが、離れられない隣国としてどう良好な関係を作っていくのかを追いかけた連載だった。

中国は２０１３年11月23日、突如として防空識別圏（ＡＤＩＺ）を設定したと発表した。ＡＤＩＺとは、外国の航空機による領空侵犯を防ぐために領空の外に設定する空域で、軍などが24時間態勢で監視している。国際法上の根拠はなく、範囲や警戒監視をどのように行うかは、各国が独自に決めている。日本のＡＤＩＺは、米軍が戦後に設定した空域を

1969年にほぼそのまま踏襲した。自衛隊は防空識別圏に入ってきた航空機のうち、国際民間航空機関（ICAO）のルールに基づく届け出がない不審機に緊急発進（スクランブル）をして警告などをしている。

中国国防部は次のような公告を発表した。①飛行する航空機に外務省ないし航空当局への飛行計画の提出を義務付ける、②指示に従わない航空機への防御的措置をとる――というものだ。国際的には、ADIZを飛行する際にその国の当局に飛行計画を提出する慣行はなく、日米韓をはじめ欧州連合（EU）などが「飛行の自由に反する」として、中国への批判を強めていた。高塚さんはADIZ設定の経緯を聞くために中国に入っていた。

湯さんとの会食で、高塚さんはADIZのことについて質問していた。しかし、湯さんはこの分野の専門家ではなく、湯さんから何も有益な情報は得られなかった。高塚さんが会食後、「まあ湯さんから情報が得られるわけありませんよ」と語っていたのを思い出す。この時、私たちは白酒（パイチュウ）を飲み大いに酔っ払い、タクシーの中で寝入ってしまった。そして、その後は足裏マッサージに行った。

日本政府から記者に呼び出しも

高塚さんは帰国後、２０１３年12月31日付の毎日新聞朝刊１面で、ＡＤＩＺについて国際的なスクープを放った。中国政府内でも、当局への飛行計画提出と防御的措置――この２点については「間違い」との指摘が出ており、運用改善の可能性があるというものだった。これは外国の通信社も毎日新聞の情報として伝えた。

居住監視時代、老師からＡＤＩＺのことは何回も質問された。だが、私もこの分野にそれほど関心はなく、湯さんとの会食の際、主に質問していたのは高塚さんだった。

私は高塚さんが訪中すれば、拘束される危険があるのではないかと考えた。それもあり、日本大使館との面会の際には、高塚さんへの伝言を毎回のように頼んでいた。新聞社の政治部記者である高塚さんに伝言が届けば、政治家に働きかけ、私の解放のための何らかの動きを作ってくれるかもしれないとの期待もあった。

結果としては、高塚さんに伝言は伝わっていなかった。そして、私が伝言を頼んだ国会議員たちにも一切伝わっていなかった。

高塚さんによると、この記事の情報源を明かすわけにはいかないが、湯さんではもちろんなく、私が知っている中国政府や中国共産党の関係者でもないそうだ。高塚さんの旧知の関係でとってきた情報らしい。そのことも私は聞いていたので、私が拘束されて以降、高塚さんが中国に入れば危ないと思っていたのだ。

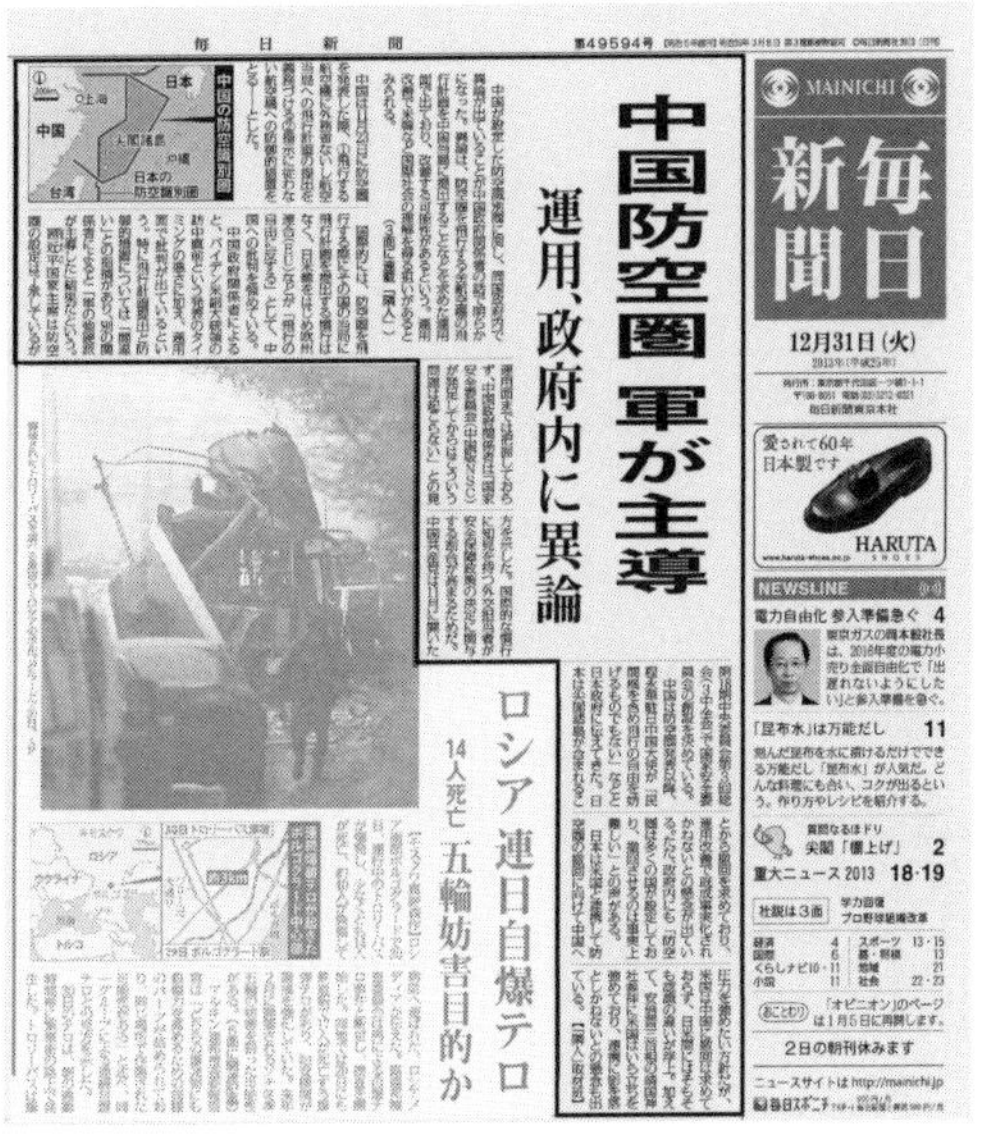

毎日新聞

MAINICHI

12月31日（火）

中国防空圏 軍が主導

運用、政府内に異論

ロシア 連日自爆テロ

14人死亡 五輪妨害目的か

中国の防空識別圏

NEWSLINE

電力自由化 参入準備急ぐ 4

「昆布水」は万能だし 11

尖閣「棚上げ」 2

重大ニュース2013 18·19

2日の朝刊休みます

2013年12月31日付毎日新聞
朝刊１面に掲載されたスクープ記事（特集「隣人」）

幸い、私が拘束されて以降、高塚さんは一切、中国に入らなかったそうだ。日本政府筋から暗に中国を訪問しないよう言われたこともあったようだ。

私の起訴は、毎日新聞では以下のように報道された。

昨年（２０１６年）７月に北京で中国当局に拘束された日中青年交流協会の鈴木英司理

事長が今年（2017年）6月（記事ママ）、中国で起訴されていたことが外務省などへの取材で分かった。詳しい罪名は不明だが、スパイ行為などに適用される国家安全危害罪の可能性がある。

鈴木氏は昨年7月、打ち合わせなどのために北京を訪問。その後、帰国せずに連絡が取れなくなり、中国当局による身柄拘束が判明。今年2月に国家安全危害の疑いで逮捕されていた。また、菅義偉官房長官は27日の記者会見で、今年3月に温泉開発目的の地質調査中に拘束された6人のうち4人が解放されたと明らかにした。中国紙は、残る2人が機密にあたる地図などを所持していたと伝えた。

（2017年7月28日付毎日新聞夕刊）

私が釈放され帰国する前に渡された起訴状の日本語訳全文を参考までに掲載する。訳文が日本語としては少しおかしいところもあるが、原文のままとした。ただし、公安調査庁職員の名前は伏せた。

起訴状全文

中華人民共和国　北京市人民検察院第二分院　起訴状
京二分検刑訴（２０１７）53号
北京市第二中級人民法院　殿

被告人鈴木英司、英語名はＳＵＺＵＫＩ　ＨＩＤＥＪＩ、男、１９５７年2月7日生まれ、日本国国民、パスポート番号は×××、大学院卒業。本件の前は日本国衆議院調査局国家基本政策調査室客員調査員、日中青年交流協会理事長、日中協会理事、拓殖大学客員教授、創価大学講師で、出身地日本国茨城県、住所は×××。鈴木英司は間諜罪の疑いがあるため、２０１６年7月16日から北京市国家安全局に居住監視され、２０１７年1月10日から刑事勾留され、同年2月16日に本院の批准を経て、同日から逮捕されました。

本件は北京市国家安全局により捜査終結し、２０１７年4月14日に本院に送致し、審査起訴を始めました。本院が受理してから、同日で被告人に弁護人選任請求権があることを告げ、法律に従って被告人に尋問し、弁護人楊振国（ようしんこく）さんの意見を聞き取り、すべての案件材料を審査しました。その間で、案件は重大且複雑であるため、審査起訴期限を一回延長しました（2017年5月15日から5月29日まで）。

法律に従って、審査により、明らかになったことは：

被告人鈴木英司は2010年から2016年まで日本法務省公安調査庁関東公安調査局（中国国家安全部に日本間諜組織だと認定されました）が日本間諜情報機関であることを明らかに知っていたにもかかわらず、電話で通話、メッセージのやり取りと面談などの方式を通じて、相次いで関東調査局の●●●、●●●●、●●●●、●●●●●（いずれも中国国家安全部に日本間諜組織の代理人に認定されました）から依頼された中国に関わる情報の収集、提供する任務を受け取りました。鈴木英司は中国の友好人士の身分で、中国国内外で元中国駐日本大使館公使級参事官湯本淵、元中国駐名古屋総領事館総領事葛広彪（かっこうひょう）（いずれも別の案件で処分します）らと頻繁に接触し、面談などの方式を通じて、中国の日本政策を含む外交政策、指導部人事変動、釣魚島（ちょうぎょとう）と防空識別圏に関わる政策措置、中国朝鮮関係などの情報を聞き取り、入手した情報を●●●らに提供しました。

その中で、被告人鈴木英司は2013年12月4日に北京市朝陽区大郊亭近くにある大粥鍋レストランで湯本淵と面談た（原文ママ）時、中国朝鮮関係に関する情報を聞き取り、その情報を●●●に提供しました。鈴木英司が提供したのは国家保密局により情報であることを認定されました。

２０１6年7月15日に北京市国家安全局に被告人鈴木英司の身柄を確保されました。

以上の事実を認定した証拠は以下の通り：

1、物証：携帯電話など：2、書証：中国国家安全部により間諜組織及び間諜組織代理人確認書、国家保密局により関連資料に対する密級鑑定書、技術捜査材料など：3、証人証言：証人湯本淵、葛広彪らの証言：4、被告人の供述と弁解：被告人鈴木英司の供述と弁解：5、鑑定意見：電子データ鑑定書：6、検証、検査、弁別、捜査などの調書：弁別調書、捜索調書など。

本院は被告人鈴木英司が間諜組織代理人の任務を引き受け、中華人民共和国国家安全に危害を及ぼす活動をし、その行為は「中華人民共和国刑法」第一百一十条第（一）項に違反し、犯罪事実は判明し、証拠は確実且十分で、間諜罪で刑事責任を追及すべきである。「中華人民共和国刑事訴訟法」第一百七十二条に従って、公訴を提起し、法律に基づき判決してください。

以上です。

検察員　位魯剛（いろごう）
書記員　曲衍東（きょくえんとう）
2017年5月25日

注
1、被告人鈴木英司は北京市国家安全局看守所に勾留されています。
2、案件材料と証拠は11冊。
3、証人名簿。
4、押収品目録。

押収品目録
1、携帯電話　2部
2、手帳　1冊

3、身分証明カード　2枚
4、パスポート　1冊
5、名刺　若干

以上は北京市国家安全局に一時的に保存されています。

呆れるばかりだった冒頭陳述の証言

2017年5月に起訴され、同年8月に1審が始まった。冒頭、裁判長から「スパイ罪で起訴されているが、認めるか」と罪状認否を問われた。私は「認めない」と無罪を主張した。

その後、検察官の冒頭陳述が始まった。そこには起訴状に含まれない中国外交官の証言などが含まれていた。検察官が話した起訴事由の一つ一つに対して、私は反論していった。

起訴事由の一つは、湯本淵さんに張成沢氏に関する質問をしたことだ。だが、湯さんはそもそも北朝鮮の専門家ではなく、日本の専門家だ。「もし私が北朝鮮のことを知りたかったのならば、別の外交関係者もしくは中連部の人間に質問する」と反論した。

公安調査庁がスパイ団体というのも重要な起訴事由になっているが、同庁はスパイ組織ではないし、そんな話は日本国内で聞いたこともない。もし公安調査庁がスパイ組織だと知っていたら、そもそも私は同庁の職員とは付き合わない。任務ももちろん帯びていない。任務だとすれば、私の旅費、ホテル代を公安調査庁が支払い、何々について調べろと命じられ、私がそれに応え、さらにレポートにして出すだろう。そんな一連の流れはもちろんのことだが、まったくない。当然のこと、スパイをしようという動機もまったくない。

日中関係については、私は日常的に政治の動向に関する話をしており、特別に敏感なことではないと主張した。

検察官の冒頭陳述には、葛広彪元駐名古屋総領事の証言があった。それによると、葛さんは「鈴木はいつも私にいろいろ質問し、注目する問題も公安調査庁と同じようなものだが、同庁の人ほど専門ではないから、協力者だと感じた」「彼との付き合いの後半には、彼の質問には目的性があり、友達間の雑談ではないと覚悟した」などと証言したという。

これに対して、私は「葛さんの証言はウソだ」と主張した。葛さんは数年来の友人で、月に1回は食事をしていた。奥さんも私の古くからの友人だ。北京に行った際には家族で招待してくれ、一緒に食事をしている。河北省滄州市の副市長をしていた時も、私を3回も同市に招待してくれた。また、葛さんが駐名古屋の総領事になってからは、日本で3回も会っている。こういう人間がなぜ私を「(公安調査庁の)協力者だと感じた」などと言うのか。そう思っていたら、親しく付き合うはずがない。

葛さんは「鈴木と会った時には、自分はうなずくことしかしない」とも証言しているが、公判で私は「そんな状態で、日本料理店で毎回午後11時まで飲めるか」などと反論した。

私は葛さんと湯さんの証人申請をした。

私の反論の後、裁判長が弁護士に「今の鈴木の主張に対して意見はありますか」と問うた。弁護士は「何もありません」としか言わなかった。弁護士は私の主張を否定も肯定もせず、さらに応援することもなかった。

証人申請についても弁護士は「特にありません」としか言わない。弁護士の唯一の主張は「鈴木は初犯だし、罪も軽い。取り調べにもちゃんと答えているので、刑を軽くしてくれ」というものだけだった。

公判は同時通訳ではなく、逐次通訳だ。通訳のレベルは最悪だった。私の主張がきちんと裁判官に伝わっているか心配で、私が中国語で話をしたことも何度かある。午前10時に開廷し昼前には終わる予定だったが、私が一つ一つ反論したため、終了したのは午後4時過ぎだった。

重大なのは、私が無罪を主張しているのに、弁護士は無罪を主張しなかったことだ。私は弁護士に初めて会った日、無罪を主張すると言った。しかし、弁護士は「無罪の主張をするわけにはいきません。無罪を主張して敗訴した時には、罪が重くなる。それでいいんですか？　起訴されたんだから、無罪は有り得ない。軽くすることはできるから、認めた方がいい」と主張した。

さらに、「謝れば1年ぐらいは法律によって刑期が短くなるかもしれない」とも言われた。これは2016年に北京を含む一部地区で先行施行された「認罪認罰制度」という法律によるもので（中国全体では2018年施行）、私は「悪いこともしてないのに、冗談じゃない。必要ない。私は闘う」と反論した。弁護士は「分かりました」とその場は引き下がった。しかし、弁護士は法廷で闘わなかった。これが中国における依頼人と弁護士の関係だ。

拘置所で同室の人たちに、私が謝るべきかどうか、意見を求めた。面白いことに、意見は割れた。「鈴木さん、今からでも遅くないから謝った方がいい」と言う者もいたし、「謝るべきではない」と主張する者もいた。２人が謝れ、２人が謝るべきではないと真っ二つだった。

検察官も起訴前に「私が起訴する前に謝れば罪を軽くできる」と言っていた。その際も私は謝らないと伝えていた。謝ったところで、刑期が1年短くなるだけだ。そんなことのために事実は曲げない、というのが私の思いだった。

弁護士が何もしなかったことについて、のちに拘置所で同室になった最高裁の元判事は「中国の弁護士なんて皆、そんなもんだ」と語っていた。

私選の弁護人を雇うことも考えたが、40万元（当時のレートで約８２０万円）支払っても意味がなかったと拘置所内で話している人がおり、無駄かとあきらめた。

裁判はすべて非公開で、２回目の公判が判決公判となった。２０１９年5月21日に懲役6年、５万元（同約80万円）没収の実刑判決を言い渡された。しかし、結果的に5万元は没収されなかった。当時、私の手元にそれだけの現金はなく、出国する際も求められることはなかった。日本の罰金とは意味合いが違うようだ。

判決は、①中国政府が「スパイ組織」と認定する公安調査庁から私が「任務」を帯びて情報を収集し報酬を得ていた、②２０１３年12月4日、私が北京で湯さんと会食した際、湯さんに中国と北朝鮮関係の情報を聞き、公安調査庁に提供した、③提供した内容は「情報」であると中華人民共和国国家保密局に認定された——この3点がポイントだ。

何度でも強調したいが、私は公安調査庁から任務を言い渡されたこともなければ、報酬を受け取ったこともない。

「情報」の中身について判決は触れていない。だが、北朝鮮の張成沢氏に関する会話が「情報」とされたのは間違いないだろう。これが「慎重に扱うべき話題であり違法だ」（老師が取り調べの際に言っていた言葉）とは、まったくもって噴飯物としか言いようがない。

判決は「情状はわりに軽微」と位置付けたが、軽微どころか公開情報に関する会話でなぜスパイ罪に問われ、6年もの懲役刑を科されなければならないのか。私にははばかげているとしか思えなかった。

「情報」とはどういうものをさすのか、当時の私には知識がなかった。その後、拘置所で出会う中国人から詳しく説明されたが、これは後述する。

公安調査庁に中国のスパイがいる

起訴後の日本大使館領事部長との面会は、拘置所ではなく裁判所で行われるようになった。１審の初公判後のある日、裁判所へ向かう護送車に乗り込むと、向かい側にひとりの中国人らしき人物が乗っていた。護送車と言っても小さなワンボックス車で、向かい合わせに座っている相手との膝の間は50センチ程度しかない。新型コロナウイルスの感染が広がっている頃で、男も私もマスクをしていた。

男はビニール袋にビスケットとアメを入れて持っていた。そんなことができると私は知らなかったので、彼は随分と長い間拘置されている「先輩」なんだろうと思っていた。

その先輩がおもむろにマスクを外した。目を疑った。私もマスクを外し、「湯先生！」と叫んでしまった。男も「鈴木さん！」と叫ぶ。あの湯本淵さんだった。

手錠をかけられた手を取り合った。私は思わず「どうしたんですか？」と間抜けな言葉を発していた。湯さんが拘束されたことは知ってはいた。湯さんが同じ拘置所にいることを、勾留されている人たちから聞いていたからだ。湯さんが裁判所に手紙をよく書いているとも聞かされていた。拘置所では時々部屋が変わるので、湯さんと一緒になった人がいたのだ。だが、同じ護送車に乗ることがあるなんて考えもしなかった。

湯さんは「いつ来たんですか?」「囚人番号は何番ですか?」と問う。そんなやり取りが続いた。こんなことがあるだろうか? 偶然にも護送車の中で湯さんと再会できるなんて。まるで映画のワンシーンのようだった。

湯さんの囚人番号は私より随分と若かった。ということは拘束されたのも、私よりかなり前だということだ。湯さんは私が拘束されたことは知らなかったようだ。裁判所までの約20分の間、湯さんはこんな話をした。

「中国には秘密警察がいます。これは怖いです。このことは日本に戻ったら必ず公にしてください。秘密警察がいるから、我々はこうして拘束されてしまったのです」

秘密警察とは中国の国家安全部のことだ。

「これはね、中国のスパイですよ。秘密警察が中国では大きな権力を持っていて、これは大きな問題です」と怒っていた。

私は湯さんに「手紙を裁判所に書いているんですか?」と問うた。

「それで今日は裁判所から呼ばれたんですよ。手紙に書いたことを確認したいということなんでしょう」と湯さんは言っていた。日本では被告人が裁判官に手紙を書くことはないだろう。だが、中国では一般的なことのようだ。

裁判所では、私たちは動物の檻のような別々の待機スペースに入れられた。裁判所には待機スペースがいくつか設けられ、一つ空いた先に湯さんが入った。湯さんは持参していたビスケットを警官経由で私に届けてくれた。

湯さんが「日本語で話しましょう」と話し掛けてきた。ここでは大した話はしなかった。日中の友好団体幹部の消息や拘置所内での食べ物の話、日本の首相はどうだなど、聞かれてもいいような当たり障りのない話をした。

帰りの護送車も一緒だった。「裁判長との話はどうでしたか」と私が問うと、湯さんは「いい機会でしたよ」と言っていた。

重大なのはその後の湯さんの話だった。

「日本の公安調査庁の中にはね、大物のスパイがいますよ。ただのスパイじゃない。相当な大物のスパイですよ。私が公安調査庁に話したことが、中国に筒抜けでしたから。大変なことです」

私は、湯さんと公安調査庁がどのような関係にあったかについては質問できなかったが、「公安調査庁職員の写真を見せられました」と伝えた。

するとは湯さんは、「それぐらいのことはやりますよ。日本に帰ったら必ず公表してください」と声をひそめて言った。

取り調べで見せられた公安調査庁職員の顔写真

言われてみれば、おかしいなと思っていた。取り調べの際、公安調査庁職員の写真を20枚ほど見せられたが、それらは身分証の写しを中途半端に切り取ったものだった。公安調査庁の文字は消されていたが、どれも同じ書式だったので同庁の身分証であることは間違いないだろう。つまり、同庁の顔写真付き身分証を見せられ、「この人物を知っているか」と一人一人、確認を求められたのだ。

なぜ、中国の国家安全部が日本の公安調査庁職員の身分証明書の写しを持っているのか。公安調査庁内の誰かが中国側に提供した以外に考えられるだろうか？　湯本淵さんもおそらく公安調査庁職員の身分証明書を見せられていたのだろう。湯さんが言うように、公安調査庁の内部情報が中国側に筒抜けになっているのではないか？　大物のスパイがいるとしたら、どのレベルなのか？　そのスパイはまだ現役として働いているのか？　私は今も強い疑念を抱いている。

湯さんは安全部の狙いについて、こう語っていた。

「（ある中国の外交官のことも）いろいろ聞かれたでしょう。彼らが狙っているのは（この外交官なのは）間違いない。私も随分と聞かれました。中国は今、外交をやっている人間を目の敵（かたき）にしています。外交部でしょ、中連部でしょ。どんどん逮捕されている」

さらに、こうも言ってくれた。

「鈴木さんを日本に帰すには政治的な力が必要です。大使館にも頑張ってもらわなければなりません。とにかく頑張ってください。僕のことは今はまだ、あまりみんなに言わないでください。日本に帰ってから、今の状況を伝えてください。こんな状況は決してよくない。日本に戻ったら言ってください」

湯さんの必死さが伝わってきた。

湯さんの訴追事案は私との会話ではなく、まったく別件だったようだ。私の1審の判決文を見る限り、湯さんは私が不利になるような発言は一切していなかった。

中国人で最も仲がよかったひとりが湯さんだった。湯さんは今、どうなっているのか。

帰国後、中国のニュースサイトを検索しても、湯さんが訴追されたという情報は出てこない。スパイ罪であれば、中国では逮捕・起訴、裁判のすべてが非公開となる。スパイ罪に問われた駐アイスランド中国大使（王毅外相が駐日中国大使だった時の秘書）は1審で死刑判決が出ていた。2審で覆ることはまずないので、おそらく死刑になったのだろうと拘置所では噂されていた。

死刑より軽い判決として死刑暖期2年というのがある。「暖期」というのは猶予期間のことで、2年間で更生したと認められれば無期懲役に減刑される。しかし、中国の刑法によると、国家公務員は刑のランクが一つ重くなる。とすると暖期2年が付くというのは考えにくい。湯さんがどうなったのか、私には知る手段がない。最悪の事態になっていなければいいが……。湯さんのことを考えると、今もって悲しくなる。

裁判所に私の思いは届かなかった

湯本淵さんにならい、私は裁判長に中国語で6通の手紙を出した。中国語の手紙を書くにあたっては拘置所で同室の中国人に添削をしてもらった。初公判で検察官が読み上げた「事実」に一つ一つ反論していった。

葛広彪元駐名古屋総領事は私がスパイだと証言しているが、それはウソであること。湯さんは日本の専門家であって、北朝鮮のことを聞いても仕方ないのは分かっており、北朝鮮のことを知りたければ、中連部幹部の知り合いに聞くこと。また、湯さんにはいつでも会えるので、２０１３年12月に会う必要はないと思っていたこと。毎日新聞の高塚保さんが会いたいと言うから会ったので、高塚さんが会いたいと言わなければ会わなかったこと。よって、スパイ目的で湯さんに会うというのはあり得ず、単なる飲み会だったこと。その日私は湯さんからご馳走されており、もし私がスパイであればご馳走されることはないなどと書き連ねた。

公安調査庁から任務を受けたという指摘については、任務とは私が同庁から仕事を依頼され、旅費、宿泊代などをすべて支払ってもらい、さらに私が情報を提供して初めて成り立つが、仕事を依頼されたことも、旅費、宿泊代などを支払ってもらったことも、情報を提供したこともないなどと反論した。

さらに、葛さん、湯さんの証人喚問と２０１３年12月の張成沢氏をめぐる日本の新聞記事を証拠として求めた。しかし、新聞記事については日本の外務省の許可が下りず日本大使館は用意してくれなかった。

裁判所に手紙は届いていたようだ。駐中国日本大使にも同様に中国語で手紙を出したが、これは届かなかった。ただ、裁判長への手紙も効果はなく、1審で有罪判決が出たのは先に触れた通りだ。中国は2審制で、私は1審判決を不服として上訴したが、2020年11月9日に棄却され、懲役6年の実刑が確定した。判決は、私が「中国の国家の安全に危害をもたらした」と指摘した。

2審の際、裁判所に行く時に新型コロナウイルスの感染対策のために、マスクだけでなくゴーグルと上下白のビニール製防護服を着せられた。足も靴の上にビニールのカバーを掛けた。仕方のないこととはいえ、これは負担だった。

判決では、私が否定していたことが、すべて供述書、弁別調書で認めたことになっていた。調書にサインするということは、こういうことなのかと改めて思い知らされた。要するに、安全部の警察官や検察官の取り調べで、私がいくら否定しようとも、彼らは供述書、調書にはそうは書かない。しかし、サインがあれば、それが「事実」となる。彼らがサインだけは拒否させなかった理由はここにあるのだろう。

前述の通り2審は2020年11月9日に判決公判が行われた。私の主張は棄却され、6年の実刑が確定した。そのことが日本で報じられたのは翌年になってからのようだ。毎日新聞では2021年1月14日に報道された。ちなみに共同電を使っている。そこでは、以下のように報道されていた。

日本人2人実刑確定　中国 スパイ罪上訴棄却

中国でスパイ罪などに問われた日本人2人が1審の実刑判決を不服として上訴した訴訟の判決公判が、昨年に北京でそれぞれ開かれ、2件とも棄却されたことが12日分かった。日本政府関係者が明らかにした。中国は2審制のため、懲役刑が確定した。

棄却されたのは2019年に懲役6年の判決を受けた日中青年交流協会の鈴木英司理事長と、18年に懲役12年を言い渡された札幌市の男性。いずれも北京市の高級人民法院（高裁）が棄却した。どのような行為が罪に問われたかや、上訴審判決の詳細な時期は不明。

鈴木氏は16年、シンポジウム開催の打ち合わせで北京を訪れた際に拘束された。中国をたびたび訪れ植林活動に取り組み、中国側から表彰されたことがある。共産党の対外交流部門、中央対外連絡部とも交流していた。

札幌市の男性は15年に拘束された。かつて航空会社に勤務し、コンサルタントとして日中間を往来していたとの情報がある。

中国は14年以降「反スパイ法」や「国家安全法」を制定し、外国人を厳しく監視している。15年以降にスパイ行為に関わったなどとして、これまでに日本人15人の拘束が判明。うち今回上訴棄却が分かった2人を含め、少なくとも9人が起訴され、懲役3～15年の実刑判決が確定した。1人は刑期を終え、昨年帰国した。

２０２１年１月14日付毎日新聞朝刊（共同通信配信）

もうひとりの「日本人スパイ」

領事面会のために拘置所から裁判所に向かう護送車の中で、湯本淵さんと再会したことは前述したが、車内で日本人と出会うこともあった。先の記事に出てくる札幌市の男性だ。

彼はほとんど中国語が話せず、髪の毛は薄く、やせ型の長身だった。
拘置所に戻る護送車でも一緒になり、お互いに自己紹介し、「頑張ろう」と誓い合った。その後も何度か護送車が同じになり、私が2審後に刑務所に入るまでの25日間、拘置所で同室にもなった。

彼は日本の歴史に詳しく、薩摩藩の話などをよくしていた。鹿児島県の出身で、島津斉彬を尊敬しているそうだ。

日中関係についても話をした。帰国したら北海道と中国との経済協力を進めたいとの思いを語っていた。私は思わず問い返した。「中国との交流をこれからもまだやるんですか？私たちはスパイ罪に問われているんですよ。日本に帰国したら二度と中国には入れないし、中国側も相手にしてくれませんよ」と諭したが、「そんなはずはない」と断言していたのが印象的だった。

彼は「自分は無罪のはずだ」とも言っていた。スパイ罪に問われたのは「公安調査庁と我々の接点を断ち切るのが目的だ」とも主張していた。彼が公安調査庁とどのような関係にあったのか、その時点で私にはまったく分からなかった。

だが、私が帰国後、ある公安調査庁の元幹部（日中協会の古くからの会員）に彼の話をしたところ、元幹部が会長を務める団体の理事長をしていたことが分かった。なので、この元幹部と彼は一定のつながりがあったのだろう。元幹部は彼のことを相当な中国通だと思っていた。彼は自分のことを創価学会の大物幹部の「側近だ」とか、公明党幹部に近いとも言っていたらしい。私に真偽のほどは分からない。

拘置所にいた頃、彼は「私が無罪なら、鈴木さんは懲役3年。私が3年ならあなたは6年だ」と言っていた。中国との関係に相当な自信を持っていたのだろう。「私が先に帰ったら、鈴木さんも出すようにしますから。大使館は救出のやり方を知らない」などとも言っていた。

だが、ひとりでタクシーにも乗れなかったような人だ。中国語もあまりしゃべれない。中国事情についても決して詳しくはない。そんな人がどれだけの中国通だったのか、私は疑念を抱いている。また、その状態でスパイが務まるとも思えない。しかし、彼の判決は私の倍の12年だった。不思議なことに判決は同じ日だった。中国は同じような裁判を同じ日にやるようだ。1審の私の判決日には、大連でも同じような判決が出ていたらしい。私とともに刑務所に移送される途中、「私はやっぱり罪人なんだな」と放心したようにつぶやいた時の彼の顔が、忘れられない。

私は、刑務所では2人を同じフロアにしてほしいと求めた。階が違うと接する時間がなくなってしまう。拘置所生活の時、中国語が話せない彼は、食事や買い物も不自由していて、よく私が手伝っていたからだ。だが、刑務所では私が2階になり、彼は3階の真上の部屋になった。

屋外での運動時間は階で分かれており、どちらかが運動場に出ると「おーい」と声を掛け合っていた。人づてに簡単なメッセージを記した手紙のやり取りをしたこともあった。

2021年5月ごろだと思う。彼が「胃が痛い」と言って入院した。1カ月後ぐらいだったか、だいぶやせて戻ってきたので、「大丈夫か?」と声を掛けると、「大丈夫、大丈夫」と言っていた。しかし、それが彼を見かけた最後だった。

彼はかつて日本航空で働いていた。奥さんは元キャビンアテンダントだったそうだ。「気が利いて、家の中では俺は何もしなくてよかった。本当にきれいな女だった」と自慢していたのを思い出す。3階の受刑者に聞くと、「死ぬ前に大好きな餃子を食べたい」と言っていたらしい。

後で聞いたところによると、日本政府は2022年2月17日、中国側からの連絡として男性の死亡を発表したそうだ。

帰国後、こんな話も聞いた。中国でスパイとして拘束された日本人の多くが公安調査庁と接点があった人物で、中国は公安調査庁ルートを潰そうとしていたのではないかと。先にも述べたが私は同庁と接点があり、職員と会食をしたことはあるものの、同庁から何かを依頼されて情報を提供したことなど一度もない。ましてやその見返り、つまり報酬をもらったことも一度もない。

彼は元公安調査庁の幹部が会長を務める団体で理事長をしていたぐらいだから、ある程度のつながりがあったのかもしれない。どのような活動をしていたか私には分からないが、中国側には公安調査庁に関係する人物を拘束し、そのルートを遮断する狙いがあったのではないかとする推測は腑に落ちる。そして、公安調査庁内には、それに協力していた「大物スパイ」が潜んでいるのではないか。

私の2審判決文を中国側が翻訳したものの全文をこの後、掲載する。ただし、ここで書かれていることは決して事実ではないと理解していただいた上で読んでいただきたい。繰り返すが、私は公安調査庁がスパイ組織だなどと思ってもいなかったし、そもそもスパイ組織かどうかを判断する材料も私にはない。同庁から「任務」を依頼されたこともなければ、任務の対価として報酬を受け取ったことも当然ない。すべては国家安全部の都合がいいようにウソを積み上げた事実認定であり、まったくの不当判決であることは何度でも強調しておきたい。起訴状同様、日本語として不自然な点があるが、原文のままとした。ただし、ここでも公安調査庁職員の名前は伏せた。私の主張と判決の事実認定が異なるということを、しっかりと読み取っていただきたい。

2審判決文全文

中華人民共和国　北京市高級人民法院　刑事裁定書
（2019）京刑終111号

元の公訴機関は中華人民共和国北京市人民検察院第二分院。

上訴人（原審被告人）鈴木英司（英語名はＳＵＺＵＫＩ　ＨＩＤＥＪＩ）、男、63歳（1957年2月7日生まれ）、日本国国籍、修士卒業、パスポート番号は×××、日本国衆議院調査局国家基本政策調査室客員調査員、日中青年交流協会理事長、日中協会理事、拓殖大学客員教授、創価大学講師であり、住所は×××。間諜罪の疑いがあるため、

２０１６年７月15日から中華人民共和国北京市国家安全局に勾引され、次の日から監視居住され、２０１７年１月10日から刑事拘留され、２０１７年２月16日から逮捕され、今は北京市国家安全局看守所に拘置されている。

指定弁護人は中華人民共和国北京市中淇弁護士事務所の弁護士李春華である。

中華人民共和国北京市人民検察院第二分院は原審被告人鈴木英司が間諜罪を犯した案件を告発することに対し、中華人民共和国北京市第二中級人民法院はこの案件を審理し、２０１９年５月21日に（２０１７）京02刑初75号刑事判決を下した。法定期限で、原審被告人鈴木英司が不服して上訴を提出した。本院は法律に従って合議廷を組み、案件は国家秘密と関連があるため、法により非公開で開廷して審理した。中華人民共和国北京市人民検察院が検察官高宏偉を派遣し、出廷して職務を履行した。被告人鈴木英司および指定弁護人李春華が出廷して訴訟に参加した。中華人民共和国北京市外文翻訳サービス有限公司の職員侯雪が本案の日本語通訳を担当した。審理はすでに終結した。

中華人民共和国北京市第二中級人民法院が判決認定している内容は、次のとおりである。

2010年から2016年の間で、鈴木英司は日本法務省公安調査庁関東公安調査局が日本の情報機関であることを明らかに知っており、電話、ショートメール、面談などの方法を通し、関東公安調査局の●●●、●●●●、●●●●、●●●●●などの人から我が国の情報を収集及び報告する任務を受けた。鈴木英司は中日友好人士の身分を借り、中国国内外で元中国駐日大使館参事官湯本淵、元駐名古屋総領事館総領事葛広彪などの人と頻繁に接触し、面談などの方法を通して、我が国の対日政策と他の外交政策、高層人士の動向、釣魚島と防空識別圏に関した政策措置、中朝関係などの分野の情報を尋ねてから、入手した情報を●●●などの人に提供した。その中で、鈴木英司は2013年12月4日で北京市朝陽区大郊亭あたりの大粥鍋レストランで湯本淵と面談した時、湯本淵から中朝関係の情報を尋ねてから●●●に提供した。この提供した内容は情報であると中華人民共和国国家保密局に認定された。

鈴木英司は2016年7月15日から中華人民共和国北京市国家安全局に身柄確保された。

中華人民共和国北京市第二中級人民法院が以上の事実を認定する証拠は次のとおりである。

1．被告人鈴木英司口頭と筆頭の供述書および弁別調書の内容は次のとおりである。

1997年から2003年まで私は中国のいくつかの大学で講師を担当した。2010年8月、私は日中青年交流協会の理事長を担当し、この間でまた創価大学及び拓殖大学の客員教授を担当した。2016年6月、私は日本衆議院の客員調査員を担当した。

日本公安調査庁は日本法務省に属し、情報機関の一つであり、私と関係がある仕事は各国の情状を調査分析してから上の法務省と内閣に報告することである。公安調査庁の付き合いはみんな中国方向の情報収集を担当する人である。●●●、●●、●●●、●●●は情報機関のスタッフで、私と接触する目的は私に任務を配り、中国と関連する情報資料を収集させるためである。私は依頼された通りに収集したわけではないけど、中国関係者から尋ねた中国の情報を公安調査庁に報告したことが事実である。●●●などの人から依頼された内容は以下の通りである。中国内政は高層人事変動（外交部人事、大使館人事、共産党の人事変動）、中朝関係、台湾問題、ウィグル問題を含み、中日関係は領土問題、釣魚島と防空識別圏問題、村山談話、9・3パレード、安倍談話を含み、また国際時事注目問題である。

2010年6月、私は公安調査庁の●●●と知り合いになり、彼の助手は●●である。私は●●と接触していた期間は2010年6月から2014年4月までで、●●●と接触していた期間は2010年6月から2014年年末である。●●と接触していた期間は2014年12月から2016年3月までで、2016年3月から●●●と接触し始めた。●●●などは電話、ショートメールの詳しい指示、面談などの方法を通して私に任務を配り、特に私は中国に来る前に依頼する。●●と●●が私をリードした時、私は携帯電話とショートメールの形で情報を報告した。2014年前半、●●●は通話とショートメールの形は安全ではないと教えてくれたから、私は帰国してから当面（原文ママ）で彼らに報告することに変わった。ほかの人は基本的にわたしが帰国してから電話を通して彼らに報告した。●●●、●●、●●、●●●から毎回報酬をもらう時、領収書を書くと要求され、私の名前で領収書にサインした。

私は駐日大使館の湯本淵（元駐日大使館公使参事官）、駐名古屋総領事葛広彪などと接触したことがある。湯本淵と接触していたうちに、彼に尋ねた一番多い情報は中日関係の内容で、特に釣魚島などの領土問題、また中国高層人事変動、日本政治家訪中、2011年日本福島地震、共青団人事変動の状況もある。私は時には単独で●●●に電話をかけて報告し、時には●●●、●●●●と一緒に面会する時報告し、●●●●も面会の後で私に電話をかけて質問したことがある。2013年11月末か12月始めのごろ（原文ママ）、私は高塚（即ち高塚保）と一緒に北京に行き、次の日湯本淵と一緒にご飯を食べた。高塚は湯本淵に中朝関係の問題を質問し、湯はその場で回答した。葛広彪は日本政党を担当するもので、私たちは国会各政党への見方、中日関係、中国リーダ訪日及び日本政治家訪中の状況を討論したことがある。葛広彪から中国領土問題、中国外交部人事変動問題、朝鮮問題を尋ね、主に中日関係分野に集中した。葛広彪から聞いた情報は基本的に電話を通して●●●に報告し、●●とも少し電話連絡があった。

鈴木英司の弁別により、10枚の日本籍男性の正面無帽の写真の中で、4号写真の人（即ち●●●）は日本法務省関東公安調査局の元調査官●●●だと確認した。10枚の日本籍男性の正面無帽の写真の中で、7号写真の人（即ち●●●●）は日本法務省関東公安調査局の元調査官●●だと確認した。10枚の日本籍男性の正面無帽の写真の中で、8号写真の人（即ち●●●●）は日本法務省関東公安調査局の元調査官●●だと確認した。10枚の日本籍男性の正面無帽の写真の中で、2号写真の人（即ち●●●●●）は日本法務省関東公安調査局の元調査官●●●だと確認した。鈴木英司の弁別により、10枚の中国籍男性の正面無帽の写真の中で、2号写真の人（即ち湯本淵）は中国外交部で働いたことがある湯本淵だと確認した。10枚の中国籍男性の正面無帽の写真の中で、7号写真の人（即ち葛広彪）は中国駐名古屋総領事葛広彪だと確認した。

2．

証人湯本淵の証言は次のとおりである。

何年前鈴木英司と知り合いになり、ずっと付き合い続けた。2009年私は駐日大使館へ公使参事官を担当してから、時々鈴木英司と面会し、離任してから彼と4回ぐらい面会した。2013年12月上旬、鈴木英司は電話で毎日新聞の高塚（即ち高塚保）と一緒に北京へ行き、私と会いたいと伝えた。それで自宅近くの大粥鍋レストランで夕食を食べた。3人でいろいろな話題を討論し、高塚の質問はわりに多い。防空識別圏問題、アベノミックスと李克強経済学のPK、釣魚島争いの趨勢（すうせい）、釣魚島今後の動向、周永康（しゅうえいこう）の問題、朝鮮問題をめぐり、私は以上の問題について発言した。私はずっと鈴木英司を友達と見たから、質問された時いつも答えた。彼は日本の情報機関にサービスしていることはいままで分かった。

3．証人李洋の証言は次のとおりである。

2009年3月から2013年7月まで、私は随員、書記官として駐日大使館で働き、当時私の上司湯本淵は国会組の担当である。私たちの仕事は主に日本国会議員と面会、交流し、私はいつも彼と一緒に行き、これらは私たちの職務範囲である。彼と一緒に日本海外青年交流協会の鈴木英司と会った。毎回湯本淵と会見してから、私は状況報告を書き、大使館の内部ネットで保存する。

4．証人葛広彪の証言は次のとおりである。

一昔前から鈴木英司と知り合いになった。2014年1月から私は名古屋へ総領事を担当した。彼はいつも私にいろいろ質問し、注目する問題も公安調査庁と同じぐらいけど（原文ママ）、公安庁の人ほど専門ではないから、公安調査庁の協力者だと感じられた。彼と付き合いの後半、彼の質問は目的性があり、友達間の雑談ではないと覚悟した。2008年下期から東京で帰国する前に、鈴木英司とは毎月一回ぐらい面会した。彼は質問する時いつも答えも言い出し、私はただ「はい、いいえ」しか答えない。或は彼は一つのことを言ってからすぐ「そうですか」

と確認する。鈴木と話した話題は多く、中日関係とホットスポット問題に関するすべての問題に及び、朝鮮半島の問題、中国駐韓大使などの話題も聞かれたことがある。

5．北京市国家安全局は刑事案件登記表、立案決定書、身柄確保の経緯、拘引書、監視居住決定書（指定住所）、拘留書、逮捕書証明を受け取った。中華人民共和国北京市国家安全局は２０１０年３月29日から間諜罪で鈴木英司に対して立案偵察した。２０１６年７月15日15時に北京市首都国際飛行場Ｔ３ターミナルで鈴木英司を拘引し、次の日から指定住所で監視居住を決定、２０１７年１月10日から彼を刑事拘留し、２０１７年２月16日から彼を逮捕した。

6．捜査証、捜査調書、押収物品、書類リスト証明は次のとおりである。中華人民共和国北京市国家安全局偵察員は鈴木英司の人身と随行物品に対して捜索し、携帯電話二台（ＤＯＣＯＭＯ、ＳＩＭカードを含む；ＳＡＭＳＵＮＧ、ＳＩＭカードを含む）、「創価大学」出入りカード一枚、名刺若干（「衆議院調査局客員調査員」、「日中青年交流協会理事長」、「●●●」）、手帳一冊（黒い「ＤＡＩＲＹ ２０１６」）、証明カード一枚、パスポート一冊（鈴木英司）などを押収した。

7．北京市国家安全局司法鑑定センターからの電子データ鑑定書は以下の内容を証明した。鈴木英司の随行物品から捜索した灰色SAMSUNG携帯電話と黒いDOCOMO携帯電話を鑑定し、案件と関連する情報、データを検出した。その中、SAMSUNG携帯電話の中で●●●、湯本淵と鈴木英司の連絡メッセージを含め、DOCOMO携帯電話の中で、●●●、●●●、葛広彪と鈴木英司の連絡メッセージを含めた。以上の連絡メッセージは鈴木英司が書面で確認し、開廷の時も異議を提出しなかった。

8．鈴木英司の随行物品から捜索した黒い手帳「DAIRY 2016」は以下の内容を証明した。2016年2月から7月まで、鈴木英司は●●●●、●●●●、●●●と面会するスケジュールについて、鈴木英司は以上の関係内容について書面で確認した。

9．中華人民共和国国家安全部から提出した間諜組織確認書は国家安全部の法律確認により、日本法務省公安調査庁関東公安調査局は日本の間諜組織だと証明した。

10．中華人民共和国国家安全部が提出した間諜組織代理人の確認書は以下の内容を証明した。国家安全部の法律確認により、●●●、●●●●、●●●●、●●●●

●は日本法務省公安調査庁関東公安調査局のスタッフで、日本間諜組織の代理人である。

11．中華人民共和国国家保密局が提出した国家秘密鑑定書により、湯本淵が高塚保、鈴木英司に提供した「中朝関係」の内容は非公開事項であり、もし海外に違法提供するなら、刑法第一百一十一条の情報に属する。

12．中華人民共和国北京市国家安全局から提出した出入国記録表は鈴木英司が我が国に出入りした状況を証明し、その中で、２０１３年12月鈴木英司は２回の出入国記録がある。

13．パスポート、ＩＤカードのコピー件などは被告人鈴木英司の身分状況を証明した。

以上の事実と証拠に基づき、中華人民共和国北京市第二中級人民法院は以下の考量を下した。鈴木英司は日本間諜組織代理人の任務を受け、長期的に我が国の国家情報を収集し、我が国の国家安全に危害をもたらし、その行為はすでに間諜罪が成立し、情状がわりに軽くて、法律によって処罰されるべきである。中華人民共和国北京市人民検察院第二分院は鈴木英司が間諜罪を犯したことを訴え、犯罪事実は明らかかで、証拠確実且つ十分で、訴えた罪名は成立した。本案と一緒に移送されない押収物品は押収機関が法律に従って処理する。以上を持ちまして、鈴木英司は間諜罪を犯したことを認定し、有期懲役六年、個人財産五万元（人民元）を没収し、また国外追放、本案と一緒に移送されない押収物品は押収機関が法律に従って処理することを判決した。

鈴木英司は上訴を通して提出したのは次の通りである。日本公安調査庁は間諜組織だということを事前に知らず、公安調査庁の人から任務を受けたことないし（原文ママ）、報酬も受けなかった。中国関係者と接触していた間で情報を収集しなかったから、間諜罪になれない。

鈴木英司の指定弁護人の弁護意見は次の通りである。鈴木英司は間諜罪を犯したことに対して異議を持ちなく（原文ママ）、鈴木英司の犯罪情状はわりに軽く、偵察段階で自分の犯罪行為を如実に供述し、違法的国家秘密を教えてくれた人員の状況を提供し、法廷は軽く処罰すべきだと提言した。

中華人民共和国北京市人民検察院の検察員の出廷意見は次の通りである。原審判決で認定した鈴木英司が間諜罪を犯した事実は明らかで、証拠は確実十分で、本案の証拠は偵察機関が法律に則って入手したもので、案件と関連性があり、証明効力もあり、証拠もお互いに裏付けられ、すでに完全な証拠チェーンになり、鈴木英司は間諜犯罪行為を実施したことを証明し、中国の国家安全に危害をもたらした。原審判決について定性（原文ママ）は正確で、量刑は適当で、裁判のプロセスも合法である。鈴木英司は日本法務省公安調査庁が日本の情報機関だということを明らかに知っており、日本間諜組織代理人から任務を受け、長期的にわが国の関係情報を収集してから間諜組織の代理人に報告し、わが国の国家安全に危害をもたらし、間諜罪が成立した。原審判決は鈴木英司が間諜罪を犯した情状はわりに軽微なことを十分に考慮し、量刑は適当である。鈴木英司が提出した上訴理由は事実と法律の根拠がないから、成立できなく、第二審で法院は鈴木英司の上訴を却下し、原審判決を維持することを申し立てる。

判決書で列挙した認定された本案の事実証拠は、中華人民共和国北京市第二中級人民法院は法廷審理、証拠質疑を通して事実であると確認された。本院が審理している間で、上訴人鈴木英司および指定弁護人は新しい証拠を提出しなかった。本院は第一審判決書で認定した証拠を審査して確認した。本院は審理を通して、第一審判決書で認定した鈴木英司が間諜罪を犯した事実は明らかで、証拠は確実、十分であると解明した。

鈴木英司が提出した上訴理由について、調査によると、証人葛広彪の証言は鈴木英司が日本公安調査庁の協力者で、質問は目的性があり、中日関係とホットスポット問題に及んだことを証明できる。偵察段階で鈴木英司は日本公安調査庁が情報機関であり、●●●などは情報人員であることを明らかに知りながら、彼らの任務を受け、長期的にわが国の情報を収集し、また報酬を受けたことを何回も供述し、供述書にも書いた。以上を持ちまして、鈴木英司の間諜罪になれない上訴理由は成立できない。

本院によると、上訴人鈴木英司は間諜組織代理人の任務を受け、長期的に我が国の国家情報を収集し、我が国の国家安全に危害をもたらし、その行為はすでに間諜罪が成立し、また情状はわりに軽微であるため、法律によって処罰されるべきである。調査を通して、鈴木英司の上訴理由は成立できなく、却下すべきである。鈴木英司の指定弁護人が軽く処罰すべきだと提言し、その理由は十分ではないから、本院は採納しないことにする。中華人民共和国北京市人民検察院は鈴木英司の上訴を却下し、原審判決を維持するという出廷意見を提言し、理由は十分で、採納すべきである。中華人民共和国北京市第二中級人民法院は鈴木英司の犯罪事実、犯罪性質、情状および社会への危害程度に基づいて判決を下し、罪名と適用した法律は正確で、量刑が適当で、本案と一緒に移送されない押収物品の処理も適当で、裁判のプロセスは合法で、維持すべきである。これによって、本院は「中華人民共和国刑事訴訟法」第二百三十六条第一款第（一）項の規定に従い、以下の裁定を下した。

鈴木英司の上訴を却下し、原審判決を維持する。

この裁定は終審裁定である。

裁判長　肖江峰（しょうこうほう）

裁判員　閻頴（えんえい）

裁判員　孫偉（そんい）

二〇二〇年十一月九日

書記員　戈平（かへい）

第3章

中国社会の腐敗がはびこる刑務所生活

一つしかないトイレは早い者勝ち

初公判の際には、新たな発見もあった。裁判所に移動する際、護送車で監視を担当する裁判所の職員は厳しくなかった。アイマスクを外しても注意されない。

建物の敷地の出入り口にある門柱には、北京市豊台(ほうだい)区の番地名が記されていた。拘束から1年あまり。ようやく自分がどこにいるかが分かった。敷地全体が北京市国家安全局の施設で、最初に「居住監視」された建物や拘置所は同じ敷地内にあった。

拘置所は布団が6枚並べられる6人部屋だった。ただ、6人入ると狭く、4人で使うことが多かった。

閉口したのはトイレだ。居住監視はホテルの1室のようなところで、トイレは洋式だっ

筆者が過ごした拘置所の部屋の間取り

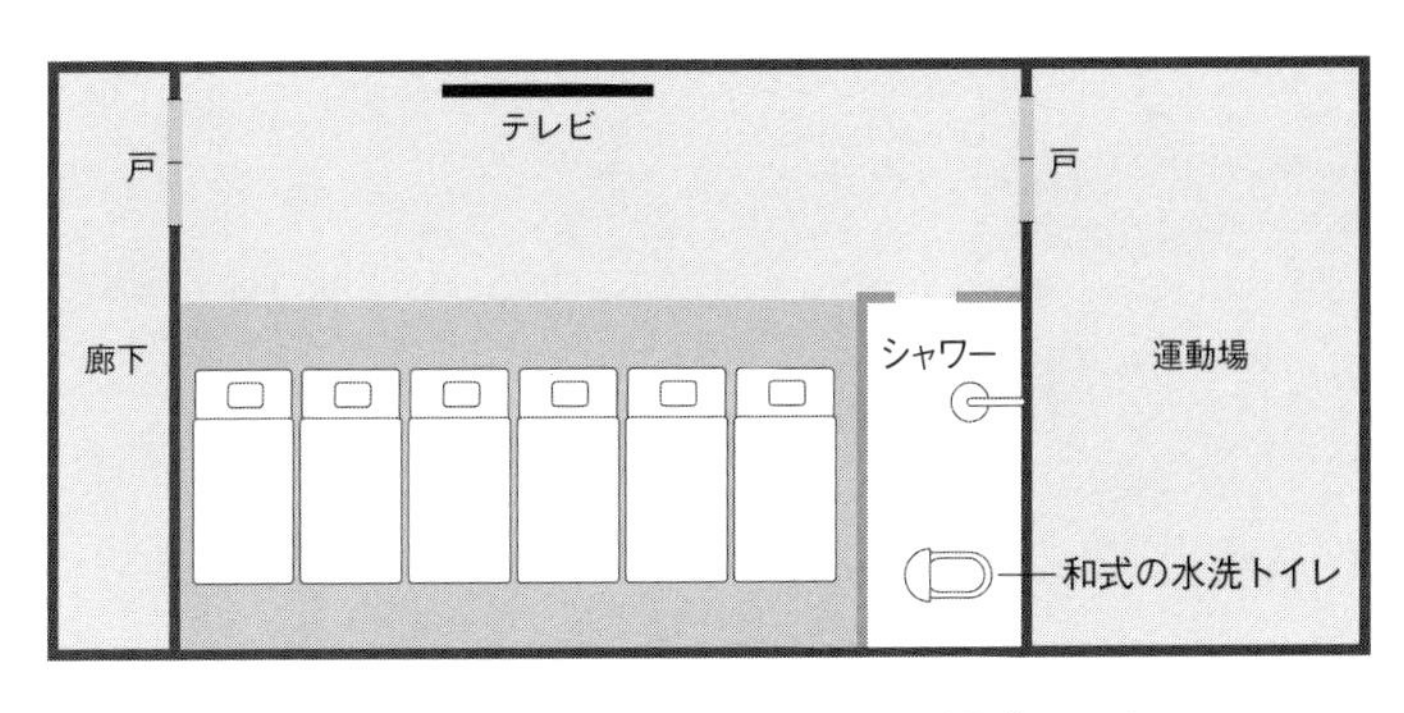

- 6人収容可能だが、だいたい4人がここで過ごしていた。
- 各自が収納ボックスを持ち、食品等を保管していた。
- バスルームの壁はガラス張りで、利用者の様子が丸見えだ。

たが、拘置所はひと部屋に和式トイレが一つあるだけだった。しかもトイレの壁はガラス張りで、外からは丸見えだ。部屋の方を向きながら用を足すのだが、初めはかなり抵抗があった。じきに慣れてはしまったが。

他人がいても用を足すのには慣れたが、困ったのはトイレが一つということだ。朝は早い者勝ち。私は午前10時の運動の前にトイレに行くことが多かった。

1週間に1度はトイレ掃除の番が回ってきた。隣接するシャワーを浴びる時に、一緒にトイレと仕切りのガラスを洗っていた。シャワーは毎週土曜日の午後に浴びることができたからだ。何とも不自由な生活だが、いつの間にか慣れてしまうから不思議なものだ。

拘置所で次々と耳にした驚愕の事実

拘置所には中国共産党規律委員会に「腐敗分子（横領や収賄容疑の高級官僚）」として逮捕・起訴された中国人と、スパイの疑いで逮捕された中国人がいた。こうした中国人と外国人が同じ部屋になることが多かった。

外国人は全員が国家安全部に関わる容疑で逮捕された人たちだった。当時、日本人は私を含めて2人、カナダ人が3人、イギリス人が1人、オーストラリア人が1人と聞いていた。このうち会ったことがあったのは日本人だけだった。勾留されている人同士で情報を交換しているので、おそらく間違いないだろう。

スパイ容疑で逮捕された中国人は外交官、国家安全部員、警察官、医師、航空機の研究者、会社員らがいた。

拘置所での生活は取り調べの回数も少ないことから、いろんな人との交流が生まれた。テロリストだとして連れてこられた新疆（しんきょう）ウイグル自治区出身の大学生は、二晩泊まっただけで突然姿を消した。この大学生が部屋にいる間、私と同室者の手荷物検査は異様に厳しくなった。もうひとり、若い新疆出身者が同室になったことがあるが、この若者も一晩でどこかへ連れていかれた。彼らはどこかで生きているだろうか。そんなことが気になった。

ころころ変わる同室者たちは、多士済々だった。北京市政府の元副局長からは、中国の行政の仕組みについて詳しく教わることができた。

かつてオリンピック選手候補だったスイマーもいた。少年時代に大会参加のため日本に3回来たことがあると言っていた。彼は軍の情報機関で少尉まで昇進した後、国家安全部に移ったそうだ。その後、マカオの会社の社長になったが、それは表の顔で、裏でスパイ活動をするためだった。

マカオで社長として活動していた時に、米中央情報局（CIA）との関係が問題視されたという。どうやら、CIAからカネをもらい中国の情報を提供していたようだ。ダブルエージェントになったということだろう。米国の協力者としてスパイ罪で逮捕されたという。

彼の発言で驚いたのは「尖閣諸島周辺に来るすべての漁船には、軍人が乗り込んでいる。

俺は軍にいたからよく知っている」というものだ。漁船の乗組員たちは武装漁民と呼ばれていたが、まさか本物の軍人が乗り込んでいるとは。

私の知る中国は、そんなアグレッシブな国ではなかった。**鄧小平**（とうしょうへい）**の「棚上げ提案」**はどこに行ったのだろう。領土問題で中国政府が譲歩したのは対ロシアのみで、他は時間をかけてでも自分たちの主張を押し通そうとしているし、国境線で紛争を抱えている。しかし、かつての中国はもう少し冷静な対応をとっていたように思う。経済大国になり自信を深めたからなのか？　中国はどこから変わり始めてしまったのか——。

元判事の王林清氏はいかにして事件に巻き込まれたか

拘置所で同じ部屋になった中国最高人民法院（日本の最高裁判所にあたる）の元判事、王林清（おうりんせい）さんは中国法や中国の国内政治、共産党の政策決定システムについて教えてくれた。王さんとは約6カ月間、部屋が同じだったが、この期間は大変勉強になった。中国の最高裁の判事と拘置所で同じ部屋になれるとは想像だにしていなかった。

王さんの話で私に直接関係することで興味深かったのは、国家機密に関する説明だ。

「中国国家保密局が『情報』『秘密』『機密』『極秘』の4種類のうち、どのレベルかを判断する。『情報』が四つ集まれば『秘密』、『秘密』が四つで『機密』、『機密』が四つで『極秘』になる。もちろん、一つの事案だけで『極秘』となることもある」

王さんは私にこう話してくれた。判決にもあるように、私の罪状は一番軽い「情報」に認定された事案だった。これが「機密」や「極秘」となると無期懲役や死刑は免れないという。

その王さんだが、なぜ逮捕されたのか。王さんのケースは日本でも報道されていたので、ここで少し詳しく書いてみたい。

王さんが拘置所の私の部屋に収容されたのは2019年だった。最初の晩は私が布団を敷いてあげ、翌朝にはたたみ方を教えたりしたが、王さんは誰とも話をしたくなかったよ

鄧小平の「棚上げ提案」——1978年の日中首脳会談で、中国の鄧小平副首相(当時)が尖閣諸島の領有をめぐり「われわれの世代では知恵が足りなくて解決できないかもしれないが、次の世代はわれわれよりももっと知恵があり、この問題を解決できるだろう。この問題は大局から見ることが必要だ」と述べた。日本側もこれに同意したとされる。しかし、中国がその後、尖閣諸島の領有を主張したことから、日本政府は「棚上げ合意」は存在せず日本固有の領土で、領土問題はそもそも存在しないとの見解を示している。

うで、初めの頃、私たちはほとんど口をきかなかった。

ある日、私が共青団近くのレストランの話をすると、その店をよく知っているとのことだった。レストランの裏は最高人民法院があると私が言うと、「そこが私の職場です」と王さん。

「それでは、裁判官ですか?」と驚く私に、「最高人民法院の判事です」と王さんは語り始めた。部屋には他に中国人が2人いたが、2人とも相当に驚いた様子だった。私たちが話し始めた最初の日はそんな様子だった。

王さんはなぜか私のことをいつも「鈴木先生（リンムーセンション）」と呼んだ。私は中国共産党のシステムや人事についていろいろと質問したが、王さんはいつも的確な解説をしてくれた。また、私が裁判長に手紙を書く際に添削してくれたのも、王さんだった。

そのうち、王さんは自分が逮捕された「事件」について語り始めた。最高人民法院トップの周強（しゅうきょう）院長が深く絡む話で、王さんは私に周氏の印象を聞いてきた。

「周氏には2回会ったことがあるが、あまり頭がいいという印象はありませんでした」

「そうだろう！　あれはアホだ。人柄もよくない」と王さんは言う。

「そうだ。私の友人の湯本淵さんの出世をダメにしたくせに、その後は湯さんに手を差し伸べることもなかった」と私も応じた。

周氏は、湯さんの上司だった時は、共青団第1書記（トップ）であった。湯さんは中連部の局長に昇格する予定だったが、周氏が湯さんを自分のそばに置いておきたいがために拒否したせいで、湯さんは局長になりそこねた。周氏はその後、湖南（こなん）省長に就任し、湯さんは共青団で孤立することになった。湯さんは周氏に助けを求めたが、周氏の反応はそっけなかったと湯さんから私は聞いていた。

炭鉱開発権をめぐり賄賂が行き交う

さて、王林清さんが巻き込まれた「事件」だ。王さんは2011年から、産炭地として知られる陝西省楡林（ゆりん）市にある炭鉱の開発権をめぐる民事訴訟を担当していた。地元民間企業と省政府系企業が巨額の利権をめぐって争っていた。

2003年8月、地元民間企業（凱奇莱公司（がいちらいこうし））が開発権を取得し、費用や利益を8（地元民間企業）：2（省政府系企業）で分け合うことで契約した。ところが、省政府は同年10月、炭鉱の開発権の割合は省政府が決めると新たに規定し、省政府系企業は2006年4月、香港企業（営益公司）と改めて契約し、地元企業との契約は成立していなかったと主張した。

これを不服とした地元民間企業は同年5月、契約違反を主張して提訴。1審で勝訴したが、2審の最高人民法院は2009年、審理不十分として差し戻した。2度目の1審で地元民間企業は逆転敗訴し、同企業の経営者がさらに上訴。この2度目の2審の判事を王さんが担当していた。

王さんによると、後から利権を得た香港企業の女性経営者（劉娟）は中国共産党陝西省委員会の書記（トップ）の元秘書でガールフレンドだったという。この書記は元共青団幹部で最高人民法院の周強院長とは旧知の仲だった。書記は周院長に計2000万元（当時のレートで約3億2000万円）の賄賂を渡していたといい、周院長の子息が持つロンドンの口座に、留学援助などの名目で送られていた。

2016年11月、周院長側近の副院長が王さんに対して、香港企業の女性経営者を勝たせてほしいと要求してきた。しかし、王さんは「地元民間企業の主張が正当で、既に判決文は書き終えている」としてこれを拒否した。そうしたところ、11月26〜28日の間に、最高人民法院の王さんの部屋から裁判記録や判決文などが保存された記録媒体が盗まれた。

最高人民法院は「裁判記録を紛失したダメな裁判官」として王さんをこの民事訴訟から外すと同時に、CCTV（中国中央電視台）のテレビニュースに王さんを出演させ、謝罪させた。

報道によると、訴訟は2017年12月、新しい裁判官のもと、地元民間企業が勝訴した。だが、王さんは私に「香港企業が勝訴した」と説明していた。報道と王さんの説明はまったく反対だが、王さんの指摘通りであれば、周院長は賄賂を受け取り、王さんの部屋から裁判記録などを盗むよう指示を出し、裁判長を交代させて判決を覆したことになる。反対に報道通りに地元民間企業が勝訴していたとすれば、周院長は賄賂を受け取っておきながら、判決を覆すことができなかったことになる。どちらにしても、周院長が賄賂を受け取っていたことはおそらく間違いないであろう。

翌2018年5月、王さんは習近平総書記と他6人の常務委員（中国共産党の最高指導者のことで、チャイナセブンと呼ばれている）に、周院長には重大な規律違反の疑いがあるとの手紙を書いた。この手紙への返信は王さんには届かず、3カ月後の8月、王さんは突如として拘束される。裁判所宿舎に50人以上の重武装した警察隊が結集し、朝の散歩から帰宅した王さんを拘束し、最高人民法院の敷地内にある別の建物に連行したという。

王さんはこの建物内で、武装警察官2人が見張る60日間の「居住監視」に置かれた。居住監視を命じたのは中国共産党の中央規律委員会で、容疑は別の民事訴訟で勝訴した企業から2000万元（当時のレートで約3億2000万円）を入手したというものだった。

確かに、王さんにもすねに傷があった。容疑がかけられた民事訴訟において、判決前に企業から賄賂の申し出があったそうだが、王さんは断っていた。王さんはこの企業を勝訴させると既に判断しており、お金をもらうわけにはいかなかった。ところが会社は勝訴すると、王さんの恋人（王さんは離婚しており独身）がマンションを購入したがっていることを聞きつけ、恋人に2000万元の上海のマンションを購入してしまったのだという。判決後のことであり、王さんも断れずにいた。これが規律違反に問われて、居住監視に置かれることになったというのだ。

葬り去られた監視カメラの映像

王林清さんによると、裁判官に事後的にお金がいくのは、中国ではままあることらしい。

私たちの感覚からすれば、事前であれ事後であれ、裁判官が原告、被告のどちらからでも金品を受け取ることは言語道断ではあるが、中国には悪しき慣習としてあるようだ。

２０１８年12月には、元人気司会者・崔永元（さいえいげん）氏が中国のＳＮＳ「微博（ウェイボー）」で、陝西省の炭鉱をめぐる訴訟の裁判記録や判決文などが盗まれ消えたことには重大な問題が隠されていると暴露した。崔氏は俳優の范冰冰（はんひょうひょう）さんの脱税疑惑を暴露したことでも知られる暴露系ジャーナリストで、約２０００万人のフォロワーを持つ。崔氏はメディア教育で知られる中国伝媒（でんばい）大学教授で、当時は中国人民政治協商会議全国委員会（日本の参議院にあたる）の委員だった。王さんもこれを受け、自撮り動画をＹｏｕＴｕｂｅにアップして内部告発した。

すると、２０１９年１月初めに、郭声琨（かくせいこん）・共産党中央政法委員会書記をトップとする合同調査チーム「特別連合調査組」が設置され、「消えた判決文」に関する異例の調査が始まった。王さんは調査組の指示で再び拘束された。調査組は２０１９年2月22日、判決文が消えたのは王さんの自作自演だったとする結果を公表した。

当時の朝日新聞は「調査結果によると、過去に規則違反を指摘されたり、担当を外されそうになったりして待遇に不満を持った王氏が、法院を困らせようと自ら記録を持ち帰ったという。その後、何も反応や影響がなかったため、自ら司会者の崔氏に持ち込み、暴露したと調査は結論づけた」（2019年2月26日付）と報じた。

王さんは最高人民法院内の監視カメラ映像を調べるように求めていたが、上司から2台とも壊れていたと言われたと指摘していた。調査結果は「当時の記録を調べても、カメラに問題はなかった」とし、王さんの主張を退けた。だが、カメラに何が映っていたかは分かっていない。

「すねに傷を持つ」最高人民法院院長が生き残った訳

王林清さんはその後、収賄罪と国家機密（裁判記録）を漏えいさせた罪で逮捕され、私のいる拘置所に入ってきたというのが一連の経緯だ。2022年5月7日、王さんはこの二つの罪で懲役14年の判決を受け、刑務所入りすることになった。

王さんは「私の口を封じるために、習近平は私を投獄した。裁判を終えて刑務所に収監されたら殺されるのではないかと常に恐怖を感じている。中国ではそういう事件が時々ある」と私に話していた。

私の推測はこうだ。共青団派閥のリーダー格のひとりである周強氏の弱みを握った習総書記は、これを利用して２０２２年10月の第20回共産党大会において、中央人事を決める際に共青団を抑え込もうとしたのではないか。そのためには、周氏を自分のそばに置き共青団グループに恩を売る必要がある。そうすれば、それと引き換えに胡春華副首相（当時）をはじめとする他の共青団出身者を政権中枢から排除することができると習総書記はにらんでいた。しかし、王さんが周氏の秘密を暴露してしまえば、その思惑は崩れてしまう。そのため、王さんを拘束した。これが習総書記の考えたことなのではないか。この話を王さんに伝えたところ、王さんは納得したように「それは正しいかもしれない」と話していた。

私の帰国後のことだが、この中国共産党大会を経ても、周氏は中国共産党中央委員として残り、２０２３年3月の中国人民政治協商会議で第14期全国委員会副主席に選出された。陝西省の炭鉱の問題は中国では大きく報道されており、周氏の疑惑も指摘されてきた。李克強氏や胡春華氏など他の共青団出身者が降格され政権中枢からことごとく消えた中で、「すねに傷がある」周氏だけがなぜ昇進したのか。私の推測をまさに証明しているのではないか。

王さんはいわゆるエリートの家系の出である。山東（さんとん）省煙台（えんだい）市で、国民党幹部を祖父に持

拘置所で同部屋だった王林清さんは自身の拘束・逮捕の不当性を訴える文章を本の余白に書き、筆者に託した＝2023年1月5日、毎日新聞出版撮影

つ医者の家に生まれた。煙台大学で法律を学び、中国人民大学で法学博士号を取得。その後、北京大学で経済学博士号をとっている。最高人民法院では全国青年模範法官にも選ばれている。労働法に関する最高人民法院見解を発表し、中国における裁判の基準を示したこともある。

王さんには私のスパイ罪に関する裁判で、裁判長に手紙を書く際には大変お世話になった。6カ月以上、同じ部屋で布団を並べて隣同士で寝ていたこともあり、さまざまなことを学ばせてもらった。また、いつも一緒に運動をしていた。スクワットや腹筋の競争をすると、負けず嫌いの王さんに私は歯が立たなかった。

そんな王さんだが、「在職中は中国の法律はよくできていて、完璧な法体系が築かれているると思っていた」そうだ。だが、拘束・逮捕されて以降、「中国の法律はダメだ」と気づかされたという。習総書記は司法への信頼確保のため「依法治国（法に基づく統治）」、つまり法治国家を掲げたが、王さんは「依法治国はまったくのインチキだ。中国でそんなことは不可能だ。中国に人権など存在しない」と私に常々言っていた。

王さんは可能であれば、出所後、アメリカに渡りたいと言っていた。アメリカの大学で中国の人権状況について教えることができないかと。そのために、彼は毎日、英々辞典を手に英単語の勉強をしていた。日本で講演したいとも話していた。

王さんに裁判官としてあるまじき行為があったのは事実であるが、拘束・逮捕は習近平体制下での権力闘争の一環であり、その犠牲者であることには変わりない。彼を救うことはまた中国の民主化を進める上でも重要な課題である。

余談ではあるが、読者の中にはSNSの微博で裁判記録や判決文などが消えたことを暴露した元人気司会者の崔永元氏はなぜ拘束されないのだろうと疑問をお持ちの方もいるだろう。崔氏は、国家副主席を務め習近平体制で党中央政治局常務委員・中央規律検査委員会書記として規律強化策を推進した王岐山（おうきざん）氏の息がかかった人物だ。王岐山氏は習総書記の地方での下積み時代からの友人であり、腐敗追放によって人民の称賛を得た習総書記にとっては恩人である。それゆえ習総書記も王岐山氏の顔に泥を塗ることはできず、崔氏に手を出せないのではないかと見られている。

革張りのベッドが並ぶ貴賓室へ

「この拘置所には『貴賓室』と呼ばれる特別な部屋がある」。同室者からそんな話を耳にしたのは、拘置所に収容されてからしばらくたった時のことだった。私が貴賓室と呼ばれる部屋に入る機会が与えられたのは、２０１７年夏のことだった。

この日、再び寝起きする部屋が変わると看守から指示があった。同室者も変わることになる。アイマスクをして車イスに乗せられ連れていかれたのは、貴賓室と呼ばれる11号室だった。拘置所に来たばかりの頃、貴賓室は逮捕前に地位が高かった人物が使う部屋だと聞いていた。たまたま他の部屋に空きがなかったため、私にあてがわれたようだ。

貴賓室に入って驚いた。他の部屋では板張りの床に直接布団を敷いて寝るが、ここでは革張りのベッドが三つ並んでいた。壁紙も革張りふうだ。久しぶりに熟睡できた。

拘置所には中国共産党の規律委員会により拘束された人たちも多数いたが、この貴賓室で同室になった北京の元郵便局長はこんなことを教えてくれた。

「国際郵便物は安全部によって一つ残らず開けて調べられている。特殊なのりのはがし方があって開けたとは分からないんだ」

その話を聞き、私は日本に帰国できたとしても、中国の友人たちに手紙を書くことはできないなと思った。当たり障りのない内容であっても、私の手紙を受け取った友人たちにどんな迷惑が掛かるか分からない。これまで作り上げてきた人間関係は、もう元に戻すことはできないと突きつけられたようだった。

若いにもかかわらず興味深い話を聞かせてくれたのは、国家安全部に勤めていて逮捕された30歳くらいの男だった。同室になったのは貴賓室ではなく、板張りに布団の部屋にいた頃だった。詳しい容疑については話さなかったが、自身の行く末を「死刑だろう」と悲観していた。

中国の習近平政権は２０１４年に反スパイ法、２０１５年には国家安全法を施行し、外国人らへの監視を強化。２０１５年から中国にいる日本人がスパイなどの容疑で拘束され始めた。同室の国家安全部元職員の男はこう明かした。

「２０１５年と２０１６年は国家安全部内で『国家安全年』と定められ、取り締まりを強化した。あなたが捕まったのもそのためだろう」

日本に国家安全部の職員はたくさんいるのか。そう問うと元職員はこう答えた。

「そんなにはいない。ただ、日本の企業や大学には国家安全部が毎月、金を振り込んでいる人がいる。報告内容に応じて上積みされる」

日本に住む多くの中国人はまじめに生活している人だろう。だが、中国人によるスパイ事件が日本で摘発されているのも事実だ。

国際色豊かな刑務所生活

2審の判決が出て20日後、私は日本で言う刑務所に当たる「北京市第2監獄」に収容された。中には外国人用の施設があった。スパイ罪は数えるほどで、他の事件の囚人が多く収監されている。ナイジェリア人が最も多く、その他にパキスタン人、台湾人、ロシア人、

北京市第2監獄(刑務所)の部屋の間取り

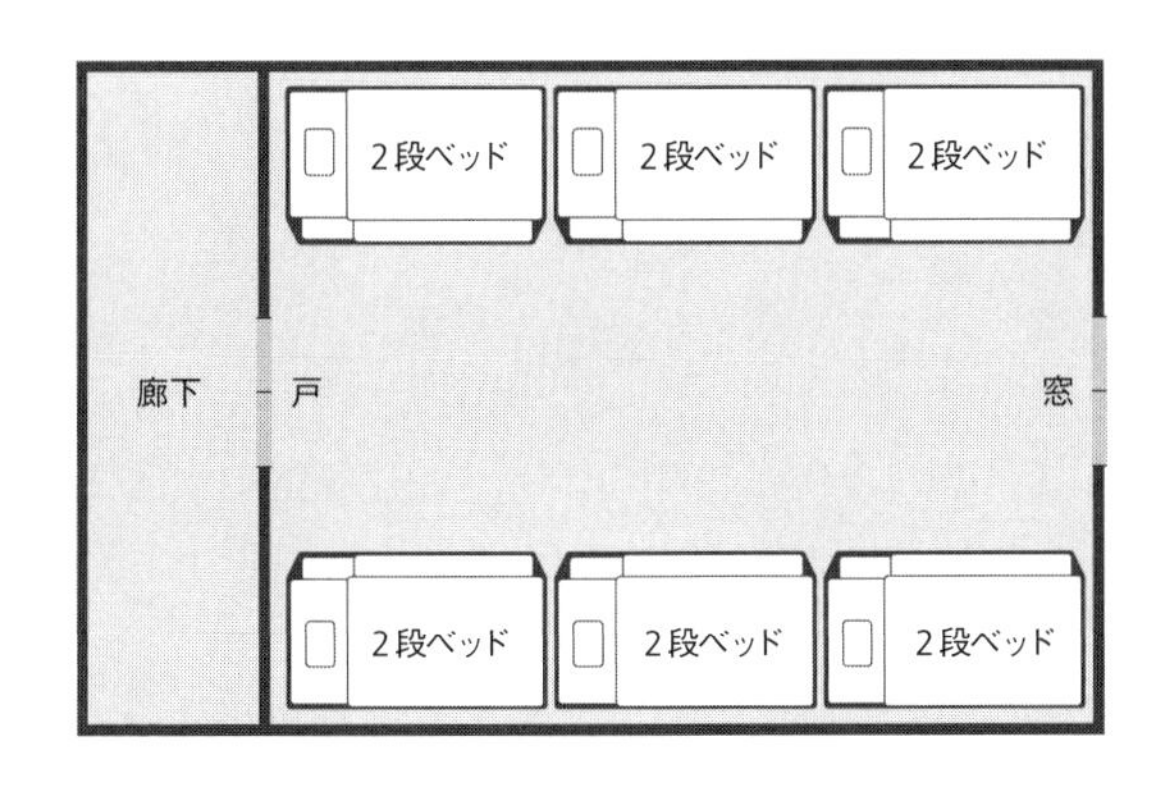

アメリカ人、韓国人、オーストラリア人(華僑)、カナダ人(華僑)、モンゴル人、パプアニューギニア人、アゼルバイジャン人、アフガニスタン人らがいた。日本人は私を含めて5人だった。大部分が麻薬の運び屋で、彼らは無期懲役となっていた。中国はアヘン戦争の経験から麻薬関係の罪が重い。

刑務所内の雰囲気は拘置所と比べると随分自由であった。警官も親切で、気立てのいい人が多かった。刑務所は3階建てで、私は2階だった。部屋は2段ベッドが6台置かれており、12人が入れる。私が入った部屋の班長はロシア人だった。北京で大げんかをして逮捕され、懲役9年。几帳面で整理整頓にうるさい男だった。彼が黒人嫌いのため、この部屋には黒人はナイジェリア人ひとりしかおらず、他に台湾人と日本人がそれぞれ2人、インド人、カナダ人、モンゴル人、アゼルバイジャン人、パキスタン人、アフガニスタン人が1人ずついた。したがって部屋では英語が使われていた。意味を忘れてしまっていた単語も多く、改めて自分の不勉強を恥じた。

刑務所の部屋にはトイレ・シャワーはなく、1フロアに共同のトイレがあるだけだ。トイレは和式が5個、洋式が1個のみ。壁は一切ない。和式と洋式トイレの前には小便用の便器が並んでおり、小便をしている者の尻を見ながら用を足すことになる。1フロアに100人程度が収容されていたので、6個のトイレには毎朝列ができていた。

私は洋式が好きなので、いつも洋式を使っていた。洋式を使う人は5~6人だったので、顔見知り同士は順番を決めて使っていた。ただ、乱入してくる者もおり、ケンカになることもしばしばあった。

トイレには瓶が20本程度置いてあり、皆3~4本に水を入れて便器の前に置いていた。トイレの水が出ないことがたまにあるため、瓶に水を入れて準備しておくのだ。私は瓶に水を入れるのが面倒だったので、自分の洗面器を持っていった。黒人の多くはトイレットペーパーを使わず、水を使って手で洗ったり、中には石けんやシャンプーで洗っている人もいた。黒人たちからよく「洗面器を貸してくれ」と言われた。使用後はちゃんと部屋まで返しに来た。これも人間関係を円滑にするにはやむを得ないことだった。

刑務所でまず始まったのは「新人教育」だった。これは収容されてから3カ月続いた。

「♪没有共産党就没有新中国（メイヨウゴンチャンダンジウメイヨウシンチョングオ）（共産党がなければ新しい中国はない）」

「♪共産党辛労為民族（ゴンチャンダンシンラオウェイミンズー）（共産党は民族のため懸命に働く）」

共産党の革命歌を嫌というほど歌わされる。中国語が読めない人にはアルファベットで記した歌詞が配られた。一種の洗脳教育なのだろう。行進や布団のたたみ方の練習もあった。深夜、2時間にわたり廊下を歩き続ける訓練が1週間に1度あった。これは体に相当こたえた。

また、食事も最悪だった。ゆでたり炒めたりした野菜中心で、肉が出たのは数回だった。新人教育が軍隊式であることは拘置所にいる時から聞いていたので、一応の覚悟はしていたが、これほどとは思わなかった。入監の時に73キロだった体重は、68キロまで落ちた。

新人教育が終わった後も「洗脳」は続いた。毎日、中国国営中央テレビが制作する英語ニュースを見せられる。そして、毎週土曜日の午前9時になると中国国歌を歌わされ、その後はおもに共産党史のビデオを見せられた。

また日中戦争、朝鮮戦争などを描いた番組や映画では、共産党がいかに中国人民を救ったかが描かれていた。共産党についての知識を持っている私からすれば、その礼賛ぶりには呆れた。すべてが形式的であった。形式主義は共産党が1980年代から問題にしているはずなのに、ここでは今もって続いている。

たまに誰かが勝手にチャンネルを替えて、サッカーやテニスの中継を見ることもあった。私が収容されていた2階の囚人の8割がナイジェリア人で、父がハイチ系アメリカ人の大坂なおみ選手が勝つと、彼らは大騒ぎをしていた。私が教えた日本語で「バンザイ!」と叫ぶ人もいた。

我々のスポーツ観戦はなぜか監視の警察官も黙認していた。監視カメラで見て分かっているはずなのだが。刑務所の上官が抜き打ち検査に来る時があり、その時だけは警察官が私たちに耳打ちをしてくれ、ニュースや教育番組を見るようにしていた。持ち場で問題が起きると、警察官の責任者が罰金100元を科せられるらしい。

受刑者の間では、大坂なおみ選手に限らず日本への好感度が高かった。特に日本が中国との試合で勝つと、いつも大きな拍手が沸き起こった。また、安倍晋三元首相が銃撃され死亡した事件では、私にお悔やみを伝えてくれる人もいた。

買い物から減刑まで、刑務所内の不可解なポイント制度

刑務所には、私と先に触れた「もうひとりの日本人スパイ」の他に3人の日本人がいた。いずれも薬物の運び屋として現行犯で拘束されたという。中国では薬物犯罪は重罪になる。彼らは2010年あたりから刑務所暮らしになっていた。そのうちのひとり、76歳の男性はかつて一流企業に勤めていたとのことで、冤罪だと主張していた。

私が入った刑務所の施設は外国人専用で、フロアには12人部屋が10室あり、前述したように、それぞれに2段ベッドが6台あった。昼間は部屋の鍵は掛かっておらず、行き来するのも自由だった。夜間は施錠された。

定期的に菓子や果物、粉ミルク、フルーツなどを購入することが許された。所持金などから差し引かれる形で購入できた。「ポイント制」のような制度もあった。教材の箱詰めなどの労役をすれば、それに応じてポイントがもらえた。ポイントは物品を購入する現金の代わりではなく、オレンジやコーヒーなどの高級な嗜好品を購入するための「資格」の

ようなものだった。入所間もない頃はポイントがなく、何も買うことができなかった。

看守らと中国語でやり取りできる台湾人は、食事担当でポイントを稼いでいた。夜の見回り「デューティー・ピープル」は、体力がある若いナイジェリア人たちがポイント欲しさに買って出た。夜間、トイレに入る場合は3人以上で行くというルールがある。私もナイジェリア人の2人に伴われながら用を足した。

受刑者の待遇改善に取り組んだことは思い出深い。食事で肉が出るのは1カ月に2回ぐらいしかない。外国人収容者たちはもちろんのこと、肉好きの私としてはもっと欲しかったし、医療体制も十分とは言えなかった。ポイント制も問題だった。600ポイント貯まると減刑の対象になっていた。刑務所内で問題を起こさなければ、毎月20ポイントずつ貯まっていく。だが、例えばケンカをして相手を殴ると60ポイント引かれてしまう。「デューティー・ピープル」を1カ月続けると20ポイントの倍の40ポイントがもらえる。さらに、月に1回5分と決められた家族への電話が、10分に延長できる「特典」もあった。

私は北京市監獄管理局の局長に待遇改善を求める手紙を出した。さらに、日本、米国、パキスタンの大使館からも、中国側に対して待遇改善要請をしてもらうように各国の受刑者が面会の際に依頼した。これらの努力が実を結び、肉は週に2回出るようになった。健康に配慮し60歳以上の受刑者には週に1回、牛乳がまとめて7パック支給されるようにもなった。ポイント制は減刑を計算する上では残ったが、買い物の際のポイント制は廃止。ポイントがなくても現金さえあれば、誰でも買い物ができるようになった。

待遇は多少改善されたが、習近平政権になって以降、減刑が認められたケースはほとんどない。胡錦濤時代とはまったく違うようだ。仮釈放も一切ない。中国の刑事訴訟法では75歳に達すると釈放してもよいという規定があるにもかかわらず、それもなし。こんなところにも、習政権の人権軽視の強硬姿勢が表れていると言えるだろう。中国事情にあまり関心のない外国人でさえ、皆「習近平は悪い奴だ」といつも言っていた。

2022年1月、刑務所での2度目の正月を迎えた。刑期満了まで9カ月あまりとなった。それにしてもなぜ、自分が狙われたのだろう。中国大使館幹部や公安調査庁との付き合いは確かにあった。

ただ、日本には同様の人脈を持つ人も少なくない。そういえば取り調べでは、特に数人の中国大使館幹部について詳しく聴かれた。彼らが捜査対象で、情報をとるために私を逮捕したのだろうか。いくら考えても、答えは見つからなかった。

6年3カ月の拘束を終え、ついに帰国の途へ

出所の3カ月前になると、刑務所内での仕事は免除となった。それまでは化粧箱を作ったり、中国共産党の出版物を郵便袋に詰めたりするなどの軽い作業をしてきたが、これをやらなくてよくなった。工場の片隅で私はいつも自前で買った人民日報を読んでいた。警察官からは「鈴木、よかったな」などと声を掛けられた。ナイジェリア人たちからは日本での連絡先を教えてくれと頼まれた。彼らはまだこの先、十数年と刑務所暮らしだ。聞いてどうするのだろうと思ったが、教えてあげた。

2022年10月1日、中国の建国記念日である「国慶節（こっけいせつ）」を迎えた。刑務所では記念の歌唱大会が開催され、フロアごとにチームを結成して革命歌を合唱した。私もそのメンバーに選ばれた。日ごろは「共産党なんて大嫌いだ」と言っていたナイジェリア人も、「優勝賞品が欲しい」との一念から一生懸命、革命歌を練習していた。優勝したのは私のチームで、歯磨き粉や保湿クリームなどの賞品をもらった。

10月11日、出所の日が来た。まだ暗い午前4時半に起床、身支度を整え、拘束された時に着ていた背広などの所持品を返還され、北京市第2監獄に別れを告げた。

当局のパトカーで、北京首都国際空港第3ターミナルまで送られた。6年3カ月前、見知らぬ男たちに無理やりワンボックス車に押し込まれた場所だ。嫌な記憶がよみがえってきた。

帰国便は日本の航空会社にしたかったが、新型コロナウイルスが原因で、その日も翌日も東京への便がなかった。あと2日も入管局の収容施設で待たねばならないというので、中国国際航空で我慢した。航空券の約7000元（当時のレートで約13万円）は自腹だった。搭乗してからも、飛行機に国家安全部の人間が乗り込んでいるのではないかと気が気でなかった。飛行機が離陸しても、再び北京の空港に戻るかもしれない。成田空港に着陸するまで心配だった。

成田空港には日本の新聞、テレビの記者がいるのではないかと思っていた。中国を離れる前、日本大使館員が「何を話すか考えておいた方がいい」と進言してくれていたからだ。私がこの日、帰国することは何らかの形でメディアに伝わっているのだろう、そう推測していたが、メディアは1社もいなかった。拘束された中で、私が大使館に連絡してほしいと常々頼んでいた毎日新聞社の高塚保さんもいなかった。どうなっているのか、疑問を感じたが、帰国できたうれしさの方が勝っていて深く考えなかった。

空港には家族が用意した車が待っていた。実家のある茨城県桜川市に着いたのは午後4時ごろだった。私が住んでいた栃木県小山市のマンションは既に引きはらっていた。風呂に入り、午後6時ごろから夕食をとった。親戚が刺し身の盛り合わせを持ってきてくれた。ビールで乾杯したが、私はコップ1杯のビールを一気に飲み干すことができなかった。6年3カ月、アルコールはほとんど飲んでいない。そのため、体がアルコールをそれほど受け付けなくなったようだ。その後は、好きだった日本酒をちびりちびりと飲んだ。

「ほとんど飲んでいない」と書いたのは、実は中国で「密造酒」を少し飲んでいたからだ。拘置所時代のことだ。買い物の際、梨を購入することがあった。梨を搾って砂糖をたくさん入れて3日もすれば発酵してリキュールになる。これを作るのが上手な人がいて、「日本人は酒が好きなんだろ」と何回か作ってもらったことがあった。梨3個に砂糖をスプーンで10杯ぐらいだったろうか。ちなみに拘置所などでの食事はスプーンのみで箸はない。ナイフやフォークはもちろんない。

また、夏バテ防止のドリンク剤（高さ3センチほどの小さな瓶）にも少量のアルコールが含まれていた。医者に「疲れた」と言うと、親切な医者なら2本くれたりする。これを飲むとアルコールがジワーッと喉と胃に広がり顔がポーッとなったものだ。それでも日常的にアルコールを飲んでいるわけではないから、ビールも日本酒も体があまり受け付けなかったのだ。

6年3カ月もの間、日本に帰国したら、「まず寿司を食べよう。それから刺し身、ラーメン、カレーライス、とんかつの順番だな」などと思い描いていた。だから、刺し身はうれしかったが、生野菜も食べたくて仕方がなかった。拘束されて以降、生野菜を一度も食べていなかった。中国では生野菜を食べる習慣があまりない。居住監視の時、生野菜をお願いしたが、「生ものを食べるとお腹をこわす」と言って断られたことがある。したがって、居住監視、拘置所、刑務所とどこの食事でも生野菜が出てきたことはなかった。

私は料理が好きなので、帰国後、実家にあったキュウリとキャベツを自分で切り、わかめを入れて和風ドレッシングで和えて食べた。新鮮な野菜の栄養が体にしみ渡っていくようだった。

家の体重計に乗ると、拘束前に96キロあった体重は、68キロまで落ちていた。おかげで、健康診断の度に指摘されていた悪い数値は、すべて改善していた。とても感謝する気にはなれないが。刑務所を出る時に返されたスーツは、まったく合わなくなっていた。

帰国して2日後。何とはなしにテレビをつけると、石川さゆりさんが画面に映し出され

2015年以降、中国当局に拘束された日本人

2023年3月現在

2015年 5月	神奈川県の男性	遼寧省	スパイ罪等で懲役5年	帰国
	愛知県の男性	浙江省	スパイ罪等で懲役12年など	
6月	札幌市の男性	北京市	スパイ罪で懲役12年 20万元(約327万円)没収	2022年2月、北京市内の病院で病死
	東京都新宿区の日本語学校幹部の女性	上海市	スパイ罪で懲役6年 5万元(約82万円)没収	帰国
2016年 7月	鈴木英司(筆者)	北京市	スパイ罪で懲役6年 5万元(約80万円)没収	帰国
2017年 3月	「日本地下探査」の男性社員	山東省	国家機密を窃取した罪で懲役5年6月 3万元(約48万円)没収	帰国
	「大連和源温泉開発」の男性社員	海南省	国家機密を不法に入手したなどの罪で懲役15年 10万元(約160万円)没収	
	「日本地下探査」の社員など男性4人	山東省 海南省	解放	帰国
5月	四国の会社代表の男性	遼寧省	スパイ罪で懲役5年6月 20万元(約320万円)没収	帰国
2018年 2月	「伊藤忠商事」の男性社員	広東省	国家安全危害罪で懲役3年 15万元(約230万円)没収	帰国
2019年7月	50代の男性	湖南省	国家安全に関わる違法行為 懲役12年	
9月	北海道大学の男性教授	北京市	2019年11月に解放	帰国
2021年12月	50代の男性	上海市	スパイ容疑で 2022年6月に逮捕	
2023年 3月	「アステラス製薬」の50代の男性幹部社員	北京市	スパイ容疑で拘束	

＊金額は当時のレート

た。拘束中、何度も心を癒やしてくれた人。最もつらかった居住監視の時、「津軽海峡・冬景色」や「天城越え」を何度心の中で歌っただろうか。その歌声に、つらい日々を思い出し、涙がほおを伝った。

日本の外務省によると、2015年5月以降、少なくとも日本人17人が中国当局に拘束され、うち5人は起訴に至らずに帰国。1人は逮捕、勾留されている。2023年3月に1人、拘束されたことが判明。残り10人は起訴され、懲役3~15年の実刑判決が確定した。3人は服役中で、1人は服役中に死亡。私を含む6人は刑期を終えて帰国した。

2019年9月には北海道大学教授が当局に約2カ月間拘束された後、解放された。報道によると、外務省領事局海外邦人安全課は「（残りの拘束者に対して）早期の帰国を実現するため（中国側に）働きかけている」としている。

第4章

日本政府は
どう動いてくれたのか

大使館も弁護士も助けてはくれない

私が北京空港で北京市国家安全局に拘束されたのは2016年7月15日で、安全局から日本大使館に連絡したと聞いたのは7月20日の午後5時半。日・中領事協定で4日以内に大使館に連絡を入れることになっているのに、連絡したのは7月20日で5日後だった。後で分かったことだが、裁判記録によれば私の居住監視は拘束された7月15日ではなく7月16日に始まったことになっていた。初日は含まれていないのだ。なので、領事協定が言うところの4日の起算はその7月16日だったとも推測できる。拘束は15日なのに、なぜ16日が起算日になるのか、いまだによく分からない。ちなみに私の記憶では、取り調べにあたった安全局員は「領事協定では5日以内に大使館に連絡を入れることになっている」と言っていた。

日本大使館員がやって来たのは、その1週間後の7月27日ごろだった。当日、突然、面会だと告げられた。面会の部屋に行く際に、車イスに乗せられ、アイマスクをされ、さらにこの時、初めて手錠をかけられた。逮捕もされていないのに、手錠をかけるとは！ ショックだった。居住監視とは名ばかりで、明らかに身柄を拘束しているではないか。胴は太いベルトで縛られた。エレベーターに乗る前にグルグルと車イスを回された。乗せられたエレベーターは非常に小さかった。乗る際に私の両腕が壁にあたるほど小さかった。エレベーターに乗ったのは他に警察官1人だけだった。おかしな話だが、行く際は随分と長い時間がかかったが、帰りはすぐに部屋に着いた。建物の構造を分からないようにするために、行きと帰りで別の経路を使っているのだろう。

用意された面会室は大きな応接室だった。部屋の中には取り調べを担当している2人と通訳がいる。これは私には気分がいいものではなかった。脇で取調官が聞いていたのでは、大使館員に言いたいことが言えないと感じた。大使館員にはこの点について抗議してもらいたかったのだが、「まあまあ、こういうものですから」という反応だった。時間も短く、わずか30分と言われていた。

面会に来た日本大使館員は、亀井啓次領事部長と検察官出身の岡部一等書記官の2人だった。亀井氏のことは、私は以前から知っていた。4、5回は会ったことがあった。今は広州総領事になっている。岡部氏の名前は分からないので、名字だけになることをお許しいただきたい。

亀井氏は冒頭、「あなたでしたか。日本の各方面から電話がありましてね」と話し掛けてきた。私が「国会議員とかですか」と聞くと、「国会議員の先生方もそうです」と答えが返ってきた。私の拘束は日本で既に報道されていたようで、「鈴木さんの名前を載せて報道している新聞もあります」とのことだった。国会議員に情報が伝わりマスコミも動いているとなれば、私の解放に向けて大きな動きになるのではないか。そんな期待が私の心の中には芽生えた。

私は当時、居住監視という制度は知らないので、「こんな拘束をされるとはどういうことなのか」と亀井氏らに尋ねた。亀井氏は「まあ、その前にちょっと待ってください」と言って、私の本人確認から始めた。「あなたの身元を確認します。鈴木英司さんですね。生年月日を教えてください」というところから始まった。わずか30分しかない。私としてはすぐにでも本題に入ってほしかった。

その後、中国の拘束制度の一つである居住監視について説明を受けた。私は「早く出してほしい」とお願いしたが、亀井氏の返事は「それはなかなか難しいでしょう。居住監視の期間は3カ月で、3カ月延長する可能性もある」というものだった。私が「3カ月で出られるでしょうか?」と聞くと、「いや、鈴木さんの場合はあと3カ月延長する可能性が強いです。したがってそんな簡単なものではありません」と言う。岡部氏の「長期戦になります。気長にやってください」という言葉に対し、私は「いや、気長な気分にはなれません」と返した。

大使館に顧問弁護士はいないのかも尋ねた。「お願いできますか」と聞くと「それはできます」と言う。費用を聞くと、約35万元（当時のレートで約560万円）だという。「中国は、弁護士費用は高いし、国家安全局関連事案の弁護を引き受ける人はなかなかいないので、その弁護士費用はさらに高いんです」と言う。「他の日本人の方々はどうしていますか」と聞くと、「中国には法律援助というのがあり、いわゆる日本の国選弁護士と同じで国が弁護士費用を出してくれる制度もあります。それを頼めばよいのではないですか」と言う。他の日本人たちもこの制度を利用していると言い、岡部氏によると、「どのみち中国の弁護士というのはあまり仕事しないですよ。法律援助で頼んだ弁護士の方が、きちんと仕事をする場合もあります。中にはいい人もいますから」とのことだった。

私は法律援助を使おうと思い依頼したが、「今、弁護士がつくわけではないんです。逮捕されてから手続きをとって、それから弁護士が来ることになりますから。今は弁護士をお願いしても来ません」とのことだった。ここにいる間は弁護士に会うこともできないとは、一体、どういう制度なのかと思った。中国はこの頃、法治社会の建設を言い始めていたが、何が法治社会か。中国は制度を改めるべきだ。

届かなかった伝言

大使館員との面会の最後に、「鈴木さん、ご家族とか大事な方には伝言ができますから言ってください」と言われたので、家族への伝言をお願いした。「国会議員に伝言はできますか」と聞くと、「大丈夫です」とのことで、さらに「個人はどうですか」と聞くと「個人はダメです」とのことだった。私は「毎日新聞政治部の記者で高塚保さんという方がいるのですが、ダメですか」と念のため聞いてみた。新聞記者であれば例外もあるかと思ったのだ。すると亀井啓次領事部長は「なるほど。それは私の方で何とかしましょう。本人に直接伝えることはできませんが、いろいろなやり方がありますから」と言ってくれた。

国会議員への伝言は大丈夫だと聞いていたので、伝わっているだろうと思っていた。私は自由民主党の野田毅（たけし）衆議院議員（当時）、立憲民主党（当時は民進党）の近藤昭一衆議院議員等への伝言をお願いしていた。だが、帰国後に野田氏、近藤氏に確認したところ、伝言は一切届いていなかった。

帰国後、東京・虎ノ門の野田氏の事務所を訪ねた。野田氏は日中協会の会長で、私は理事だったので直接挨拶に行かねばと思い訪ねたのだ。野田氏は伝言について「来てないね。国会議員はみんな心配していた」と言っていた。近藤氏には議員会館で会い、近藤氏本人と秘書に確認したところ、何も届いていないということだった。

亀井氏をはじめその後の領事部長の方たちには面会の度に、他の何人かの国会議員への伝言も頼んでいたが、おそらく届いていないのではないか。

高塚さんにも帰国して聞いたところ、何の伝言も届いていなかった。高塚さんは一度だけ、2016年末ごろに外務省から呼び出されたらしい。高塚さんによると、外務省から「鈴木さんが『これは政治的な話だ。高塚さんに聞けば分かる。政治的に解決するしかない』

と言っていますが、何か心当たりはありますか」と聞かれたそうだ。謎解きのような質問で、高塚さんには何のことか分からなかったそうだが、２０１３年12月に北京で私と一緒に湯本淵さんに会った話はしたそうだ。外務省からの接触はこの1回だけで、私が頼んだ伝言は帰国日も含めて届いていなかったし、彼以外の記者にも伝言は届いていなかった。つまり、日本大使館と外務省が私の言葉を伝えたのは結局のところ、家族だけだった。

知り合いの中連部などの副部長級と局長級の方たちにも、私の拘束を伝えてほしいとお願いしたところ、「分かりました」とのことだった。約30分の初回の面会はこれで終わった。

なぜ、私は多くの人への伝言をお願いしたのか。逮捕前だったので何とかなるかもしれないとの思いが私にはあったからだ。居住監視の制度については詳しく知らなかったが、拘束されても逮捕前なら帰国している例があることは知っていた。そのため、中国の党幹部、日本の政治家に現状を伝え、マスコミが騒いでくれれば逮捕されずにすむかもしれないという藁をもつかむような心境だった。なので、面会の際に亀井氏から「拘束の事実を公表していいですか？　一部の新聞にも既に出ていますし」と聞かれた際にも、私は「どんどん公表してください」とお願いした。

釈放されるなら逮捕前しかない

2回目の大使館員との面会も、当日に突然告げられた。この時は、毎日新聞の高塚保さんに加えて、旧知の読売新聞、時事通信、NHKの3人の記者の名前を挙げて、伝言をお願いした。この時の亀井啓次領事部長の反応は納得がいかなかった。亀井氏は「鈴木さん、その3名への伝言は必要ないのではないですか」と言ったのだ。

私が「なぜですか?」と問うと、「鈴木さん、これ以上、有名になりたいんですか?鈴木さんの名前は今や日本全国、誰でも知っていますよ。こういうことはする必要ないでしょう」と言う。私とすれば、少しでも拘束の事実を多くのメディアに伝えてほしいという思いだけだ。拘束の事実が知られれば知られるほど、中国は私を逮捕しづらくなるのではないかと考えたのだ。有名になりたいのかという言葉は、まったくズレた反応としか言いようがない。ひょっとすると単にやる気がないのか?　拘束された人間がどういう気持ちでいるのか、亀井氏には分からないのだろうか。私は呆れて、「分かりました。これ以上、お願いしません」という言葉しか出てこなかった。私は、亀井氏のこの発言を一生忘れない。

3回目の面会の際には、高塚さんの名前に加えて、もう一度、読売新聞記者の名前を出して伝言をお願いした。亀井氏はこの時、「規則で外務省から直接本人にお伝えすることはできないのですが、外務省記者クラブにいる同じ会社の方に事情をお伝えするようにしていますから心配ありません」と説明した。だが、これも高塚さんには伝わっておらず、読売新聞の記者にも伝わっていなかった。

帰国前の面会でも、2人の記者宛てに「私は10月11日に帰国します。皆さんにこれまで大変お世話になりました」という旨の伝言をお願いした。なので、成田空港に取材に来るだろうと思っていたのだが、取材に来た社は1社もなかった。この伝言も2社に伝わっていなかった。

余談にはなるが、2回目の面会からは家族からの伝言を教えてもらえるようになり、これが楽しみの一つだった。しかし、伝言はその場にいる全員の前で読み上げられるため、家族のプライバシーに関わる内容を皆に聞かれるのはつらかった。

2回目の面会ではまた、中国での動きがどうなっているのかについて質問した。1回目の面会の際に、中連部などの副部長級、局長級の名前を挙げ、私のことを伝えてほしいとお願いしていたからだ。

この時の亀井氏の返答には驚かされた。「私は分かりません」と言うのだ。「私は領事部なので、政治部にそれをお願いしました。政治部にお願いしたので、その後のことは分かりません」と。

「ちょっと待ってください。あなたはその後どうなったか聞いていないのですか？」と私は食い下がった。亀井氏は「聞いていません」と。私は「結果はよくないものでも仕方ないが、少なくとも結果を聞いて、私に教えてくれるのが筋じゃないですか」と言ったが、「聞いていない」の一点張りだった。何という無責任、亀井氏のこの誠意のなさには本当に呆れるばかりだった。

日本大使館の政治部は中国の外交部（日本でいう外務省）との関係はいいが、中国共産党で対外関係を扱っている中連部との往来はほとんどない。以前、中連部のことを大使館員からよく聞かれたものだ。これは大使館政治部の悪いところだ。大使館幹部からも「うちの政治部の一番の欠点は、中国共産党との関係が極めて少ないことだ」とも聞かされていた。ルートがないから政治部は動いていないだろうと思った。

居住監視の時に釈放されている人は何人かいた。中国出身の政治学者で東洋学園大学教授の朱建栄（しゅけんえい）氏の例などがそれにあたる。朱氏は2013年7月17日、会議出席のために上海市へ行った際に連絡がとれなくなった。同年9月、中国外交部の報道局は「朱氏は中国国民であり、中国の法律と法規を順守しなければならない」と述べ、スパイ容疑で拘束していることを事実上認めた。ところが、朱氏は2014年1月17日に解放され、上海市の家族宅に戻った。これは明らかに逮捕前のことだろう。同年2月には7カ月ぶりに日本へ戻り、報道によると、羽田空港に到着した際、「本日、無事日本に戻ることができた。皆さまにご心配をかけ、おわびするとともにご配慮に心より感謝する」と述べている。

失望しかない日本大使館の対応

私は釈放されるなら逮捕前しかないだろうと思っていた。そこに賭けていた。だから、国内外の関係者に伝言をお願いしていた。なので、大使館員との面会の回数にも納得がいかなかった。担当の亀井啓次領事部長によると、中国側との取り決めで1カ月に1回面会できることになっているという。しかし、居住監視の約7カ月間で3回しか実現しなかった。逮捕されて以降も、2カ月たっても亀井氏が面会に来ないことがあった。私が次の面会はいつかと尋ねると、亀井氏は決まって「1カ月後に会えることになっています。頑張りますので、ご安心ください」と言っていた。次の領事部長も1カ月に1回は面会できると言っていた。

だが、面会には北京市国家安全局や裁判所の許可が必要なようだ。権利があるといっても、中国側が許可しなければ面会できない仕組みになっている。許可しなかった中国側が最も悪いが、日本大使館には「おかしいじゃないか」と抗議したり、中国側の窓口である外交部領事局から話をしてもらったりするなどしてほしかった。例えば、本国の領事局に報告して上から圧力をかけるとか、やり方はいろいろあったはずだ。

ところが、日本大使館はそういうことをしなかった。中国側の言いなりだったと私には映る。日本大使館が積極的に動いてくれた形跡はない。やれるだけのことはやってくれたという感じがしない。ここが私は悔しいのだ。居住監視時の日本大使館の対応には、失望しかない。

居住監視に入って2回目の面会の時、私は亀井啓次領事部長と岡部一等書記官に「私をめぐる日本での政治情勢はどうなっていますか?」と尋ねた。確か2016年9月中旬の頃だったと記憶している。岡部氏は、「鈴木さんが拘束されて以降、日本での動きが変わりました。前は課長レベルでこの話をしていましたが、局長レベルでの話になりました。したがって、私たちがこれに関与することができなくなり、より高いレベルの話になったんです」と言う。

なぜレベルが上がったのか。これは私の推測だが、国会議員が動いたことが背景の一つにあるだろう。私の拘束が報道されると、日本では国会議員たちがそれなりに動いてくれていたようだ。そして、公安調査庁が何らかの動きをしたのではないかと思っている。

3回目の面会の時だったか、岡部氏が奇妙なことを言い始めた。「これまではご家族に外務省から連絡をとっていましたが、法務省から連絡をとるようにします」。変なことを言うな、と私は思った。「どうしてですか」と問うと、「内部的にそういう整理をしました」と岡部氏。法務省は公安調査庁の上部組織なので、公安調査庁が関与を始めたのだろうと私は推測していた。

しかし、その後、伝言ルートは再び外務省に戻る。内部で何があったのだろう？　これはいまだに謎だ。局長レベルに上がったというのは、外務省の局長レベルと公安調査庁の局長レベルが話をしていたということなのだろうか。いずれにしても、私が居住監視期間に釈放されることもなければ、刑期が短くなることもなかった。

信頼できる領事部長との出会い

2017年2月16日に逮捕されてから初めての面会（居住監視時から数えて4回目）は、領事部長が亀井啓次氏から別の人に代わっていた。失礼だが、この領事部長の氏名を私は記憶していない。何の仕事もしない印象の薄い領事部長だった。のちに3人目の領事部長に岡田勝さんが着任するまで、私の主な話し相手は検察官出身の岡部一等書記官になっていた。

この面会の時、私は岡部氏に「日本と中国の間には犯罪者の引き渡しの協定はないのですか？　交換はできないのですか」と聞いた。これは拘置所の中国人たちから「日本にいる中国人と交換してもらって帰国すればいい」と授けられた知恵だった。結論から言えば、交換はできなかった。岡部氏は「日本と中国との間には引き渡しの協定はないです。引き渡しの協定というのは、同じ罪で捕まった人同士でしかできないのです。日本にはスパイ法がありません。鈴木さんが逮捕されたのはスパイ法ですから、日本にスパイ法がない以上、交換はできないんです。ですから無理なのであきらめてください」と言われた。

私は正直がっかりした。拘置所の部屋に帰って同室の面々にそう伝えた。「日本と中国の間には引き渡しの協定はないそうだ」。「そうなのか～」と皆、がっかりしていたのを思い出す。

この時に岡部氏から「日本にはスパイ法はありませんから、日本に戻ったら中国での罪名はまったく関係ないんです。鈴木さんは善良な市民です」と言われたのが印象的だった。岡部氏とはケンカもしたが、いろいろと説明もしてくれ、私としては仲良くできたと思っている。逮捕されてから4回目（居住監視時から7回目）の面会の際に、岡部氏が任期を終えて帰国すると聞かされた。裁判所の面会はすべてガラス越しに行われており、私はガラス越しに岡部氏を見ながら泣いたのを思い出す。つらかった居住監視の時から、いろいろと教えてくれたのは岡部氏だった。「岡部さん、本当にお世話になりました。帰ったら東京で会いましょう」と涙を流す私に、岡部氏は「はい、ぜひ」と言ってくれた。面会時間が終了し、ガラスにグレーのブラインドのようなものが下りてきて、面会は終了した。泣いている私の背中を衛視が軽くたたいた。

２０１９年11月、３人目の岡田勝領事部長と伊藤検察官がやってきた。岡田さんは12月にも面会に訪れてくれた。２カ月連続で面会に訪れてくれたのは岡田さんが初めてだった。その後は、新型コロナウイルスの感染が拡大して面会は実現しなかった。感染防止のため、中国製のワクチンを打たなければ受刑者との面会はできなくなったからだ。コロナ禍で面会ができなかった時でも、岡田さんは１カ月に一度は電話をくれた。

日本大使館員のほとんどは中国製ワクチンを信用せず、接種していなかった。この心情は理解できる。だが、岡田さんは私に面会するために中国製ワクチンを接種してくれた。「気持ちは分かるが、職務の一環である面会を実現するためにワクチン接種をすべきではないか」と書いた私の手紙を読み、さっそく接種したとのこと。

２０２１年３月ごろだろうか。岡田さんが「ワクチンを接種しました」と来てくれた時は、私は本当にうれしかった。岡田さんはこの時すでに、領事部長から総務部長（公使）に昇格していた。それでも中国製ワクチンを打って、彼ひとりで私の面会に来てくれた。日本にもまだこういう外交官がいるということを誇りに思う。

岡田さんが総務部長になったことで、その後は新任の領事部長がほぼ45日に１回、面会に来てくれた。先に触れた刑務所の待遇改善も、岡田さんが頑張ってくれたから実現したのであり、今でも岡田さんには感謝している。

日本人拘束者をめぐる日中間の交渉

私は日本大使館員との面会の度に、日本人拘束者をめぐる情勢について質問をしていた。以下はその際に聞いた大使館員の話に基づく情報だ。帰国後、日中首脳会談などの報道を調べたが、日本人拘束者に関する中国側の発言についてはほとんど報道されていない。

中国の中央政治局委員で外交トップの楊潔篪(ようけつち)氏は2017年5月29日に来日し、安倍晋三首相(当時)と同31日に会談した。おそらくこの時の会談だと思われるが、安倍氏は私の拘束後としては初めて中国側に日本人拘束者の釈放を求めたという。楊氏は「それは中国の法律に基づいて裁かなくてはならない。彼らは中国の法律を犯して捕まったのだから、釈放することはできない」と語ったという。帰国後、日本での報道を見ると、楊氏はこの時、岸田文雄外相、菅義偉官房長官、谷内(やち)正太郎国家安全保障局長(いずれも当時)とも会談した。谷内氏とは約5時間にわたり議論した。

その後、王毅外相（当時）が２０１８年４月に来日し、安倍氏とは同16日に会談した。安倍氏はこの時にも日本人拘束者の早期釈放を求めたが、王外相は楊氏と同様のことしか言わなかったようだ。

日中首脳会談で安倍氏が日本人拘束問題を取り上げたのは２０１８年10月の訪中時が最初だったようだ。習近平国家主席と会談したが、習氏の態度は素っ気なかったとのちに私は岡田さんから聞かされた。習氏はおおむね、「中国で起こしたことで、中国の法律で処理するのは当然だ。したがって釈放することはできない」という趣旨の発言をしたらしい。

次の日中首脳会談は２０１９年6月、G20出席のために大阪を訪れた習氏と行われた。習氏は「中国の法律があるので、中国の法律によって裁かれることになります。しかし、皆さんの言うことはよく分かります」と少しニュアンスが変わったという。

習氏の発言が大きく変わったのは２０１９年12月に北京で行われた日中首脳会談だったという。首脳会談のテーマは大きく三つあったようだ。岡田さんによれば、一つ目は習氏の訪日に関することで、安倍氏は「来年の桜が咲く頃、お迎えしたい」と伝えた。二つ目は中国の日本産農産品輸入問題、そして三つ目は「何と鈴木さんたちのことなんです。習近平さんは今までで一番いい答えを言っています」というのだ。岡田さんの言葉を借りる

中国の習近平国家主席（右）と安倍晋三首相（当時）が共同会見
＝北京・人民大会堂で2019年12月23日、新華社／共同通信提供

と、「日本人の皆さんが言っていることはよく分かります。なかなか難しいことですが、私なりに努力しましょう」と発言したらしいのだ。「鈴木さん、安倍首相がいい反応を引き出しましたよ。だんだん習近平さんの回答がよくなってきています」と岡田さんが興奮気味に話していたのを思い出す。岡田さんは私の釈放に向けて本当にいろいろと尽くしてくれたと思っている。

中国人にとって面子は命より大切だと言われている。習氏は安倍氏の要請に応え訪日した場合、「日本人拘束者はどうなっているのか」と記者から問われたら面子が立たないので、訪日前に何人かは釈放するのではないかと私は推測した。その何人かのうちに自分も入っていないだろうか。私はそんなことを考えていた。しかし、習氏の訪日は新型コロナウイルスの感染拡大で実現しなかった。

外交力を発揮しない大使館

2017年から安倍晋三首相（当時）自らが動いてくれていたとの情報は、私にとって朗報だった。トップ同士の会談を受けて、日本大使館はどう動いてくれているのかに私は大いに関心を持った。亀井啓次氏の後に着任した2人目の領事部長に「トップの発言を受けて、大使館と中国はどう動いているのですか」と問うた。領事部長の答えは「日本国のリーダーがやっているので、我々はこれ以上のことはできない」というものだった。

私は「おかしいじゃないですか。トップがそこまで発言しているのだから、大使館は日本国の出先機関として、その後をフォローするのが当然じゃないですか。やる気がないんじゃないか」と声を荒らげた。その場に同席していた岡部一等書記官に「鈴木さん、我々はケンカしに来たんじゃないですからやめましょう。時間もないですから」と制止されたが、この領事部長の発言にはいまだに納得がいっていない。

外務官僚全員を批判するつもりはまったくない。現に岡田勝さんや岡部氏のように親身になって尽くしてくれる大使館員もいた。しかし、1人目、2人目の領事部長の発言を振り返ると、まったくやる気を感じられなかった。この人たちには状況を変えようとする意志のようなものが欠けているのではないか。流れに身を任せて時が過ぎ去るのを待つことしかしていないのではないか。ロシアによるウクライナ侵攻や中国のアグレッシブな拡大政策によって、日本の外交力が問われる時代が来るのは必至だ。だが、外交の前線がこんな弱気であれば日本はますますなめられると危惧する。何もケンカをしろと言っているのではない。何事も受け身で、自ら道を切り開いていく姿勢に乏しく見えるのが腹立たしいのだ。

「大使館員は私たちの解放についてどう考えているのか。今後どうする気なのか」と私はよく聞いていたが、彼らの答えは決まってこうだった。

「日本から大臣や代表団が来て中国の幹部と話をする際に、必ず日本人拘束者の話をしてくださいと言っています」

いつも同じセリフだった。コロナ禍で今や代表団なんて誰も来ない。それなのに同じ発言を繰り返すばかりだった。

大使館自らは中国と交渉しないのか。それで大使館が存在する意義があるのだろうか。ひょっとすると大使館の存在意義は既に堕していて、日本からの訪中団をスムーズに受け入れ、問題なく帰すという、「ロジ（段取り）」をつかさどるだけの組織になっているのかもしれない。

拘置所にいる時、贈収賄で収容されていた中国人の元警察官からこんなことを言われたのを思い出す。「鈴木さんを早期に帰せなかったら、日本の外交力が弱いことの証明だ。アメリカだったらこんなことはない」と。外交力を高めると言っても、口で言うほど容易でないことは理解できる。また、アメリカを手放しで褒めるわけにもいくまい。しかし、中国でアメリカ人がスパイ罪で拘束された例はない。一方、カナダ人やオーストラリア人は拘束・逮捕されている。このことが何を意味するのか。私たちは真剣に問うていかなければなるまい。

2023年3月に行われた第14期全国人民代表大会において、中国政府はスパイ行為の摘発を強化するため、「反スパイ法」の改正を行った。国家主席として3期目に入った習近平氏は「国家安全」を重視する姿勢を強めている。改正法の施行によって国家安全部の権限は強化され、中国国内で活動する私のような日本人はもとより外国人の摘発や拘束がますます増える可能性が高い。中国当局の監視が強まることに、よりいっそうの注意が必要だ。そして、外務省による危機管理体制の構築が急務である。

第5章

どうする
日中関係

今こそ求められる日中の民間交流

中国が私を拘束した狙いは何だったのか。中国は2014年に反スパイ法を制定した後、摘発を強化していた。日本の中国大使館や総領事館の幹部は、共青団出身者に限らず、外交部や中連部の出身者も一時帰国中に中国で拘束されたり、事情聴取を受けたりしていた。また、権力闘争の一環なのだろうが、共青団出身者はこれまで各機関の高級幹部に登用されてきたが、習近平体制になってから難しくなっていた。予算も削られ、共青団幹部は「使える車は12台から2台に減らされ、幹部が中南海（共産党、政府の重要機関や要人の住居がある地区）にタクシーで行っている」と嘆いていた。

私が拘束された2016年と前年の2015年は、習政権が定めた「中国安全年」であり、これ以降に拘束された日本人は多い。国の安全を守ることによって社会の安定を図り、それによって強国・中国を建設するというのが習政権の考え方だ。

私を含めて日本人拘束者が増えた背景には、三つの要因があったのではないかと私は考えている。一つには、日本の公安調査庁や内閣情報調査局などに中国の情報が流れることを断ち切ろうとしたこと。二つ目に、外交部や中連部、また共青団人脈を摘発して日中友好関係者の交流による情報の流出にくさびを打ち込もうとしたこと。三つ目が、日中関係が良好でなかったことが考えられるのではないか。

そのために私たちを言わば見せしめとして拘束し、日本への情報を遮断しようとしたのだろうし、共青団の排除にも使ったのだろう。習氏は2022年10月の人事で初めて国家安全部長を党中央政法委員会のリーダーにしたが、このことからも、今後も情報統制＝安全問題に対する態度をより厳しくするのではないかと私は見ている。

残念なことに、習政権の狙いは功を奏しているようだ。その後、日中友好関係者の多くが訪中しなくなった。また、研究者の足も中国から遠のいている。私の知り合いの大学教授も「拘束される恐れがあると考えると、中国にはもう行けない」と語る。交流が減れば、結果的に情報も遮断される。

だが、その副作用も大きいだろう。私が危惧するのは、日本と中国の民間交流が希薄になれば、両国関係に大きな影を落としかねないということだ。民間交流を通して平和的関係を作ることは極めて重要だ。日中関係を特徴付けてきたのは、これまでの活発な民間交流であり、これは他国との間では見られないものだ。中国は非常に複雑でしたたかな国である。中国を理解するのはとても難しい。したがって民間レベルでさまざまな交流を続けていくことは極めて重要だが、そうした機運が日本人の身柄拘束によってしぼんでしまっていることは、決してプラスではない。

日中関係においては民間交流を通して複数のチャンネルを作ることが重要であり、それによって相互理解と信頼関係の醸成に努める以外に、現在の状況を打開する方法はないのではないだろうか。それだけに、繰り返しになるが、習政権は人の往来を阻害する政策は早急に改めるべきだ。

現在、日本人の8割程度が中国に好意を抱いておらず、日中関係は悪いと思っている人は9割にも上ると言われる。確かに中国には問題が多い。強権的で、透明性が低く、閉鎖的だ。新型コロナウイルスの感染は深刻な状況に陥っているにもかかわらず、きちんとした数字を発表しなかったのはいい例だろう。また、感染状況に鑑み、日韓両国が中国からの渡航者に到着後のＰＣＲ検査を課すなど水際対策を強化すると、中国は「差別的だ」と反発し、日韓からのビザ申請を停止した（中国政府は２０２３年１月29日から日本人への一般ビザの発給を再開）。中国の感染状況を見れば、日韓両政府の対応は妥当だと思うが、中国はこれに対して強権的な報復措置をとる。こうしたところが、中国が嫌われる最大の理由だろう。最近のアメリカ本土上空を中国の無人偵察気球が飛行していた問題も同様で、自分たちを正当化することに躍起になっているさまは、近代国家としてあり得ないことである。自分たちの政策を強硬なまでに正当化しようとする独善的な態度は、決して世界の中で認められるものではないだろう。中国は、世界の国々からどう見られているかをもっと考えるべきではないか。

強硬姿勢を貫く中国、高まる懸念

最近の日中関係を振り返ってみよう。中国は２０１０年、ＧＤＰで日本を追い越し米国に次ぐ世界第２位に躍り出た（ちなみに、日本は２０２１年時点で３位だが、今後４位のドイツに抜

尖閣諸島沖の中国漁船衝突事件で、中国政府の対応に抗議するデモ隊
＝東京都港区の中国大使館前で2010年10月16日、共同通信提供

かれる可能性が出ている）。同年9月に起きたのが尖閣諸島沖での中国漁船衝突事件だ。これを皮切りに日中関係はかつてないほど厳しい状況になった。中国の激しい行動は日本国民に大きな不安をもたらし、以来、日中間の交流停止や中国への経済制裁へと発展した。さらには強大化した軍事力を背景に、中国が何らかの実力行使を起こさないかと多くの日本人が懸念を持つに至った。

一方で、日中の経済関係は相互依存を強めている。日本にとって中国は第1位の貿易相手国であり、中国にとっても日本は第5位の主要な貿易相手国である（2022年）。日本経済はもはや中国抜きには語れないという現実がある。中国の健全な発展は日本にとって

（左から）王毅氏と秦剛氏＝2023年1月11日、共同通信提供

も必要である。

問題は、習近平政権下で当面は強権的な「大国外交（中国ではそう呼ばれている）」が継続されそうだということだ。習氏は２０２２年10月の中国共産党大会で、王毅外相（当時）を政治局員に抜擢。さらに、王氏は党の外交政策の責任者として**中国共産党中央外事工作委員会弁公室**主任に就任した。外相には前駐米大使で外交的に強硬派と言われる秦剛（しんごう）氏が就いた。

中国共産党中央外事工作委員会弁公室—党の外交政策を立案、決定する機関。外交部、中連部、商務部、文化部、人民解放軍、公安部、安全部などによって構成されていると言われている。現在の弁公室主任は王毅前外相。

王氏は駐日大使を務めた日本通であるが、日本に対して弱腰と言われることを嫌い、強硬姿勢を見せようとするだろう。「王―秦」のラインで、中国ファーストの大国外交を展開してくる可能性が強いと私は見ている。習政権はこれまで以上に強硬的な外交＝戦狼（せんろう）外交を進めるであろう。中国国内では民族主義、愛国主義が高まっており、それが覇権主義的な外交を進める要因になっていることにも留意することが必要だ。

新たな日中関係のため日本がすべきこと

中国が大国的な振る舞いを強める中、日本はどう向き合っていくべきだろうか。日本と中国は冷戦下でも東西の対立を超えた特別な関係があったと私は思っている。それは長きにわたる民間交流や長い歴史に裏付けされたものだ。ただ、ここに甘えはなかっただろうか。お互いの国に特別な思いを持つ個々人の人脈と努力に頼り、戦略的思考を持たぬまま中国との外交を続けてきたことのツケが今日の日中関係の不安定さをもたらしたのではないかと感じるのだ。

これは、第二次大戦後の日本の外交・安保が日米同盟を基軸に考えられ、その他の国との外交がおざなりになってきたことと軌を一にしている。ロシアによるウクライナ侵攻以降、日本では中国脅威論がさらに高まり、日米同盟を強化する動きが強まっている。さらに、日米同盟だけでなく、英独豪など西側諸国やインドとの連携強化も図っている。それ自体を否定するものではないが、日本は中国と隣接する国として、中国に対し独自のアプローチをできるようにしておくべきだろう。

２０２２年11月、岸田文雄政権は敵基地攻撃能力（今は「反撃能力」と言い換えられているが）の整備などのために、防衛予算をＧＤＰ比２％にすると閣議決定した。米軍との一体化をますます進め、中国を包囲する方向に進んでいるが、果たしてこれでいいのだろうか。

私は日米安保を基軸としながらも、中国との関係をしっかりと戦略的に位置付けていく必要があると考えている。経済的な相互依存に頼るのではなく、また、中国脅威論を煽るのでもなく、新しい日中関係を築いていくことが必要だ。

そのためには、まず両国のリーダーが強い意志と意欲をもって「良好な日中関係を作ろう」と取り組むことが必要だろう。これまで通り、日本の基軸は日米同盟であるが、中国が大国的な覇権主義に走るのであれば、日中は極めて危険で厄介なライバル関係になってしまうことを覚悟しなければならない。それは避けるべきだろう。

日中の外交・防衛・経済当局者による戦略対話を活発化させ、危機管理メカニズムを働かせることも極めて有効だろう。また、双方のリーダーが対話することによって信頼関係を築くことも重要である。両国のリーダー層と国民の間に一定の信頼感が生まれれば、それが歴史的和解につながり、日中関係の再構築につながるのではないだろうか。

現在、日中双方で顕著になっているナショナリズムではあるが、日本では政界や論壇が「嫌中」感情を引っ張っており、中国では主な担い手は大衆という違いがある。日本の国会議員はじめリーダー層はいたずらに中国脅威論を喧伝するのではなく、冷静な議論をするべきだろう。また、中国政府は大衆のナショナリズム的思考を自らの政権を支える装置として利用することをやめ、友好関係を目指すことに転換するべきだ。

歴史認識問題は、日韓関係ほどクリティカル（危機的）ではないが、それでも慎重に取り扱うべきだろう。日本はかつて侵略戦争をしかけ、中国の尊い人命、資産などに多大な犠牲を強いたという歴史的事実を決して忘れてはならない。今もってこれを否定する発言や行動が、政治家など国のリーダー層にもあるのは驚くべきことで、脱却することが必要だ。一方、繰り返しになるが、中国のリーダー層は自分たちへの不満を和らげるために対日批判を利用するのもやめるべきだ。日中双方が未来志向で変化していくことが、両国の関係を改善し進化させる最善の道だと考える。

皇帝化する習近平と強権政治

２０２２年10月の第20回中国共産党大会で、習近平総書記は３度目の国家リーダーに選出された。国家主席は２期10年で退任という原則が憲法79条に定められていたが、習氏は２０１８年にこの規定の削除に成功。３期目への道を開いていた。この党大会で習総書記はあらゆる権力を自分ひとりに集中させ、権威主義体制を築くことに成功した。現行憲法は１９８２年施行だが、死ぬまで権力を手放さなかった毛沢東の独裁を繰り返さないために、国家主席、副主席の任期を制限するべく鄧小平ら当時の指導部が設けたものだ。だが、習氏は自らの独裁を図るため党内にある異論を封じ込めた。

習政権発足後、中国は大きく変わった。中国経済をさらに成長させた功績があることは事実であるが、「第２の毛沢東を目指す」と言われる習氏は、党の「核心」として「習近

習指導部３期目が発足。中国共産党の新指導部。
（上段左から）李希（りき）氏、蔡奇（さいき）氏、趙楽際（ちょうらくさい）氏、習近平総書記、
（下段左から）李強（りきょう）氏、王滬寧（おうこねい）氏、丁薛祥（ていせっしょう）氏
＝北京・人民大会堂で2022年10月23日、共同通信提供

平思想」を憲法に明記。「習近平による新時代の特色のある社会主義思想」、つまり富強社会の実現を旗印に、毛沢東時代の政治スタイルである「一強」による強権政治、対外的には覇権主義の姿勢を示した。

習氏は共産党大会に伴う人事で、権力基盤をより強固にするために、自らの派閥を結成するべく、緊張関係にあった共青団出身者を要職から排除。自らに忠実であった部下たちを中国共産党中央常務委員（チャイナセブン）に登用することで、権力体制の基盤を強固にし、生き残りを図った。私は、習氏は死ぬまで権力を手離さないのではないかと見ている。退任後も院政を敷こうとするだろう。

経済発展とともに深刻化する格差問題

中国共産党の基本路線は「全国の各民族人民を団結させ、わが国を富強、民主、文明、調和の社会主義近代国家へと建設するために奮闘する」ことである。

そのために①経済建設を中心とし、②「社会主義の道」「人民民主主義独裁」「共産党の指導」「マルクス・レーニン主義と毛沢東思想」の四つの基本原則の堅持、③改革開放――が必要だとする。

だが、習近平政権を見ると、必ずしも中国共産党の基本路線に沿っているようには見えない。人民民主主義とは言うが、民主化の動きを弾圧するなど、強権を発動して押さえ込んでいるように映る。また、社会主義とは言うものの貧富の差は拡大し、一部の富裕層だけが経済的な恩恵を受けている。

習政権の最大の成果は反腐敗運動だ。これは富裕層と党幹部に対する国民の鬱憤(うっぷん)を晴らすためにやっており、これによって国民から大きな支持を得ている。一方で、政敵の排除と自らの基盤固めを行い、最初の任期の5年で一気に力を蓄えた。習氏の大胆な野心は一層の統制社会を形成した。

2013年11月9～12日にかけて開催された中国共産党第18期中央委員会第3回全体会議では、経済に加え司法、腐敗、環境、農村人口、安全保障など多岐にわたる問題についての改革案を示した。この大胆な改革案によって習氏は威信を高め、権力基盤を固めるのに成功した。

開放政策によって中国経済は目まぐるしい発展を見せたが、同時に進行しているのが格差問題である。現在の共産党政権はこの間、経済活動の自由をかなりの程度容認してきた。人々の欲望を満たすことで、国民の政治的な自由（結社、言論、出版の自由等を含む）を制限しても不満を抑えることに成功してきた。鄧小平の指導のもと1978年から実施された経済政策、改革開放が始まって以来、富の蓄積は顕著になり、2010年にはGDP世界第2位となったが、一人当たりGDPはトップ50にも入らないという現実も格差の象徴と言える。富裕層と貧困層、都市勤労者と農民、沿海地区と内陸部など、中国には強烈な格差が存在している。2億6000万人と言われる農民工（農村からの出稼ぎ労働者）は都市では戸籍（日本で言う住民票）を持てず、出稼ぎ先で社会保障や子どもの義務教育などの権利を都市住民と平等に受けられない現実もある。北京や上海など都市部では、いわゆる3K（きつい、汚い、危険）仕事を農民工が担っており、彼らがいなければ都市の機能は維持されない。しかし、都市勤労者と農民工の格差はあまりにも大きく、今や調整不能とも言われている。

それでも農民工の都市部への流出は激しく、農村の人口が減り荒廃が進んでいる。農地を守るために農業公司（会社）が結成され大規模農業を進めているが、これがうまくいくかはまだまだ不透明だ。

富裕層を中心とした「勝ち組」は現在自分たちが享受している有利な立場を崩してしまう変革を起こそうとしないし、それどころか「負け組」に既得権益を奪われないように自己防衛をしたり、弱者を排斥したりすることが至るところで見られる。

今の中国が進める社会主義はすべての人々に対して公平に豊かになる機会を保障しているとは言いがたい。習政権は人民中心の「親民路線」を強調しているが、農民や労働者に対する搾取の構造を本気で変えようとしているとは思えない。中国社会は既に経済発展至上主義と市場を貫く弱肉強食の論理に牛耳られており、経済的弱者が自らの利益を主張する手段は著しく制限されている。

習政権は皆が裕福になる「共同富裕」を実現するとしている。まず第1段階の「脱貧活動」として、農村部の観光地化や農民の起業を融資によってサポートしている。その結果、農民の所得増が実現し、「脱貧活動」に勝利したと言っている。だが、観光地は国によって作られた官需に過ぎず、一過性のものに終わる恐れがある。起業した農民が借金を返済できない状況が多発するだろうとも指摘されている。労働人口の75％を占める農民の収入は、公式発表で都市部公務員の4分の1と言われているが、実際にはもっと少ないだろう。

中国共産党はまた、農村の都市化として、農村と都市の間に中間都市を作ろうともしているが、都市志向の農民が中間都市に住む保証もない。

貧富の格差をどう縮めていくのか。加えて、党指導部は経済格差の是正を目指す「共同富裕」政策を急ぎ、巨額の利益を得るＩＴ企業や不動産業界への締めつけを強めたことで、不況が加速した。しかし２０２２年11月、厳しい行動制限を伴う「ゼロコロナ」政策に耐えきれなくなった若者たちが各地で抗議行動を起こしたことで、締めつけ政策を緩和し、成長を促す方針へと転換が図られた。だが、景気回復はおろか、これまでのような高成長は期待できる状況ではない。習政権のアキレス腱は経済格差かもしれない。また、習政権による安定も短期的には可能かもしれないが、長期的には果たして可能なのか。

中国に求められる「大国の責任」

「中華民族の偉大なる復興」は習近平政権の外交政策で重要なテーマだ。習氏は「強い外交がなければ強国とは言えない」とし、「強国」としての野心をむき出しにしている。習近平強軍思想を貫徹して2027年までに「建軍100年奮闘目標」を実現し、「世界一流の軍隊」を築き上げることを目標に掲げている。習氏は他国に対して決して妥協しない強い指導者というイメージを作り出しているが、これは格差による亀裂を深める中国社会を束ねる装置として使われている。「大国になる」という夢を振りまき愛国心に訴えることで、不満をよそに向けさせようとしているのだ。

同様の文脈で利用されるのが対日問題である。中国はかつて侵略を受けた日本の妥協を許さず、常に強い姿勢を示してきた。習氏の目指す「偉大なる復興」とは「民族の屈辱」の裏返しであり、かつての列強の国々に対して恨みを晴らすという意味も内包されている。特に中国共産党は、政権の正統性を確保し国民をまとめるために経済成長至上主義を生み出し、併せて「愛国主義」と「民族主義」を進め、民族の怨念を巧みに利用してきた。

つまり①南シナ海の南沙諸島領有権争いと尖閣諸島の領有権の主張、②西側諸国が求める人権の尊重に対して主権や発展権を振りかざす――この2点の背景には、国内的な統治を強化しようという政治的な意図があることは明白である。

ただ、習政権は「責任ある大国」を掲げて、高まりつつある中国脅威論に対抗しようとしている。西側諸国はこれを逆に利用して、「中国は大国としての責任を果たせ」と求める動きに出ている。双方が互いの主張を述べたところで、現状はそう簡単には変わらない。中国の覇権主義的な動きがますます強まっているのが現実だ。

こうした中で、米国と中国の緊張はいっそう強まっている。習政権は米国を「ライバル」とし、米国も中国を「国際秩序を変える意思と能力を兼ね備えた唯一の競合国」として競争心をむき出しにしている。

2023年3月に開催された全国人民代表大会で、習近平国家主席は「安全こそ発展の基礎であり、安定は強さの前提だ」と述べ、国家の安全保障体制の増強の必要性を強調した。そして、台湾問題について「外部勢力の干渉と『台湾独立』分裂活動に断固反対する」と述べ、暗に米国を牽制（けんせい）した。国防費を前年比7・2％増となる1兆5537億元（約30兆5500億円）としたことも、国際社会の不信感をより強めることとなっている。

中国に求めたいのは、米国との平和的発展と相互依存関係を深めるということだ。極端とも言える軍備増強とナショナリズムによって世界に不安を与えることはやめるべきだろう。孤立が深まるだけだ。中国にとっては、孤立は国際社会が中国に対する「封じ込め」を行ったことの結果に見えるかもしれないが、武力によって一方的な現状変更を図ろうとしているのは中国だろう。軍拡を背景に覇権主義をむき出しにするのはやめ、平和的な国家として国際舞台で「大国の責任」を果たすことが求められている。

台湾問題解決のための日本の役割

「中国大陸と台湾は一つの中国」というのは、国際政治の建前としては定着している。しかし、現実はそうはなってはいない。また、台湾問題は１９５０年代以降、アジア太平洋地域の安全保障問題の焦点の一つとなっており、台湾は極めて重要な位置付けにあることから、「一つの中国」に対するイメージは各国によって異なる。

中国にとって台湾は核心的利益であり、絶対に譲ることはできない問題である。習近平国家主席は２０１９年、台湾統一に向けた5項目提案を発表した。これは「新時代の台湾

台北で会談に臨むナンシー・ペロシ米下院議長（左）と台湾の蔡英文（さいえいぶん）総統
＝台北で2022年8月2日
Â©Taiwan Presidential Palace Via Z via ZUMA Press Wire／共同通信イメージズ

工作の綱領的文献」とされているが、「台湾は中国の一部であり（中略）、両岸統一の歴史的趨勢はいかなる人々も勢力も阻止できない」と念を押している。長期政権への道を進む習氏は自らの手で統一を実現するという野心を抱いており、毛沢東も鄧小平も実現できなかった「統一」を自身の最大の実績にしようとしている。

米国のナンシー・ペロシ下院議長が2022年8月に訪台した際には、中国は猛反発し、台湾海峡で大規模な軍事演習を行ったが、もう少し抑制的な行動はできなかったのだろうか。もちろん、ペロシ氏の軽率な行動は責められるべきである。もし台湾有事となれば、東アジア全体に与える影響は計り知れない。

米中両国ともに、慎重な対応をするように求めたい。

習氏は、米国と互角に戦える強国を作り上げ、台湾統一を成し遂げること――これが中華民族の偉大な復興につながると信じている。習氏は「台湾問題は必ずや民族の復興とともに終結する」と断言し、中華人民共和国建国100年を迎える2049年までに統一を実現することを明確に表明している。3期目の任期が終わる2027年までの実現を目標にしているとの見方もある。2022年8月10日に発表した**「台湾白書」**では台湾の独自性を強める民進党を「排除」して統一事業を進めるとし、力ずくでも統一を成し遂げる決意をあらわにした。毛沢東や鄧小平はじめ歴代の最高指導者が誰ひとり実現できなかった統一問題に対して、習氏の決意の揺れは見られない。

しかし、台湾問題の前提は平和的解決であり、平和統一が従来からの中国共産党の方針だったはずである。統一には台湾側の事情も考慮しなければなるまい。そして当然のこと、

「台湾白書」―中国は2022年8月、台湾問題に対する姿勢を示す白書「台湾問題と新時代の中国統一事業」を22年ぶりに発表した。台湾の民進党政権が「独立」の動きを強めているとして、米台への不信を示している。平和統一が台湾問題解決の「最良の方法」としつつ、「武力統一」の可能性にも改めて言及している。

台湾の意見を聞かねばならない。また、民進党政権か国民党政権かで対応は大きく変わってくるだろう。

台湾に関して、中国と台湾が合意したとされる「92年共通認識」について、中国側は「双方とも『一つの中国』を堅持する」としているが、台湾は「双方とも『一つの中国』は堅持しつつ、その意味の解釈は各自で異なることを認める」としており、認識は一致していない。台湾の蔡英文政権（民進党）は「92年共通認識は最初から存在しない」とし、受け入れを拒否している。今後も台湾は「一つの中国」を受け入れないし、「一国二制度」も受け入れないだろう。特に「一国二制度」の問題については、香港において50年は不変と国際社会に約束しておきながら、中国はそれを反故にして香港の民主主義を壊した。そして、中国は国家安全法のもと、民主主義を求める人々に弾圧を加えている。この乱暴なやり方は当然のこと、台湾の人たちも注視している。独立的思考の強い民進党に対し、大陸派であった国民党も現在の香港の状況を見てからは大陸との距離をとっているという状況である。

中国が「台湾は中国のものだ」と言っても、それは決して容認されるものではない。主張すれば何でも許されるというわけではないのだ。もし中国と台湾の間で戦争（中国的には内戦）に発展すれば、米国は台湾関係法を適用して参戦する可能性が高い。そうなれば、日本国内の米軍基地である三沢、岩国、佐世保、横須賀、沖縄から軍事作戦が展開されることになるだろう。台湾有事が起き、日本の存立危機事態と認定されれば、日本も集団的自衛権を発動し参戦することになるし、世界を巻き込んだ戦争になる恐れも考えられる。

そんな事態を招けば、中国は孤立し改革開放政策は失敗し、**一帯一路**といった政策も失敗することになるのではないか。その後には、習近平失脚という事態も想定される。

中国が台湾を尊重し、自らが人権や民主主義を発展させ、さらに経済を成長させることで双方の交流がいっそう拡大するだろう。それによって信頼関係が生まれれば強引に統一しなくても双方の意志のもと歩み寄れる時が来るはずであり、それこそ双方の話し合いによって統一が可能になるはずである。

現在の中国は、台湾は中国の不可分の一部であり、統一を阻害する勢力に対しては武力

一帯一路――中国が2017年から推進している、中国と中央アジア、中東、アフリカ、ヨーロッパにかけての広域経済圏の構想をさす。習近平総書記が2013年9月7日、カザフスタンでの演説で「シルクロード経済ベルト」構築を提唱したことが始まり。中国からヨーロッパにつながる陸路の「シルクロード経済ベルト」(一帯)と、中国沿岸部からアフリカ東岸を結ぶ海路の「21世紀海上シルクロード」(一路)の二つの地域で、インフラ整備や貿易などを促進する計画。

攻撃も辞さないとの乱暴な議論を展開して米国と日本を牽制し、今や国際社会からの指摘を冷静に受け入れられない状況である。

日本は日米同盟のもと、米国との一体化をさらに進めているが、日本は西側の一員であると同時にアジアの一員であることを忘れてはならない。日本にはアジアをまとめていくべき責任がある。また、中国と台湾には地政学的にも歴史的にも他の国とは違った性格を持っていることから、平和と安定のために双方に対して日本にしかできない役割があるはずである。日本は中国に対しては積極的な発言をしていくことと併せて、対話の重要性を訴えていく必要がある。まさに外交の重要性を発揮すべき時である。台湾に対しても、中国を刺激しないよう積極的な働きかけをしていく必要があるのではないだろうか。

習近平政権下で置き去りにされる人権問題

西側諸国にとっては、中国国内の人権問題も放置できない課題だ。これまでの中国は、党と国家が一体となって人民に対する厳しい統制を行うことによって、国民の自由と権利を大きく制限してきた。政治的権利の拡大や言論の自由などを主張する人々の活動に対し、数多くの弾圧事件が発生してきた。

最近では、新疆ウイグル自治区における人々に対する人権問題が深刻な例として挙げられる。中国政府は経済発展が最大の人権保障であるとし、西側諸国の批判を無視している。香港における国家安全法の成立とそれに伴う人権侵害に対する批判に対しても、内政干渉として改める姿勢は見えない。

習近平氏はこれまでも「中国には中国の人権がある」とし、国の「発展権」を盾に西側諸国の言う人権とは違うと主張している。「発展権」を言論の自由や出版の自由を制限する根拠としているが、習政権下で中国の人権状況は明らかに悪化している。江沢民（こうたくみん）や胡錦濤時代がよかったとはまったく言えないが、私の感覚としては当時よりさらに状況は悪くなっている。

人権問題は中国が抱える最大の国内問題の一つであるが、まったく置き去りにされている状態だ。むしろ経済発展を担保に自らの権利を放棄しているに等しい人々も多く、また一般国民にはあまり関心も見られない。

共産党一党支配の中で、①複数政党による自由な選挙、②言論、表現、報道の自由、③

法の支配――といった民主主義のベースとなる理念を実現するのは、習政権のもとでは不可能であろう。経済的にこれだけ発展した大国が、民主主義といったある意味普遍的な価値と相容れない状況がいつまで続くのか。そして、自らの党にのみ有利なルールをいつまで敷き続けるのだろうか。中国は公正な開かれた国になるべきではないか。そうでなければ、「責任ある大国」などになれるはずもない。

だが、中国の共産党一党独裁体制に対して有害な人物（人権派や改革派と呼ばれる人々）への対応はいっそう厳しいものになっている。それればかりでなく、国家の安定を図るとの掛け声のもと、外部勢力が中国の国家安全に危害を及ぼすとの理由から、外国人と外国勢力と関係がある中国人への監視はよりいっそう厳しくなるだろう。また、中国は法治国家を目指していると標榜（ひょうぼう）していることは先にも触れたが、現実にはまったく法治国家と言えないことは、私の拘束を見ても明らかだ。

習体制のもと、国家保密局や安全部の権限が強化され、居住監視をはじめとする人権無視の諸施策が今後、ますます拡大強化されることを私は危惧している。経済発展という一見華やかな舞台の裏で、言論や表現の自由を奪われ、多くの人たちが弾圧されている事実を私たちは忘れてはなるまい。

エピローグ

拘束された6年間を
これからも語り継ぐ

2023年1月1日、帰国後初めての正月を迎えた。早朝、神棚や仏壇に、おそなえ餅と今年初めての御神酒(おみき)をあげる。そして、我が家の風習に従い正月の食事は男が作る。また、元旦は包丁を使ってはならないことから、大みそかに切った野菜でお雑煮を作る。私が幼少の頃から続けてきた我が家の年の初めのならわしであり、私にとっては7年ぶりに我が家で迎える正月だ。

正月料理が出そろい御神酒を口に含む……。ひとりでに涙が出てきた。料理を口に運んでもまた涙が出てくる。家族は皆、黙っていたが、父親が「今年はいい正月だ!」と言ってくれ、家族の会話が始まった。今年90歳になる父親は、この間ひとりで正月を迎えていたらしい。本当にうれしそうな父親を見て、涙がとめどなくあふれてきた。

毎日新聞の取材を受け、取り調べの様子や中国の刑法について説明する筆者
＝東京都千代田区で2022年10月20日、毎日新聞撮影

２０２２年10月11日に帰国。その後、半年が過ぎた。この間、ＴＢＳのニュース番組の録画取りを皮切りに、毎日、朝日、読売、産経の各新聞をはじめ、共同通信（同社の話によれば、地方紙30社約１０００万部に掲載）、ＮＨＫ、日本テレビ、フジテレビ、Ａｂｅｍａ（アベマ）や月刊誌『中央公論』など多くのマスコミが私のケースを報道してきた。その反響の大きさには、今さらながら驚きを禁じ得ない。

これほど多くのメディアが報道する要因は、以前にスパイ容疑で逮捕されながら解放された方々が口を閉ざす中、私が経験した6年間の壮絶な日々について、口を開いたからだろう。周囲の反応の多くは私への同情だったが、

「こんなに話をして身の安全は保てるのか？」と、中国側が動き出すことを心配する声も多く聞かれた。そのいっぽうで、マスコミの方々の論調が私に対して同情的であったので、胸をなで下ろした。

私がこの間の出来事をあえて公表した理由は、すでに多くのマスコミに明らかにしてきた通り、①今後私と同じような人々を作りたくない、②中国の人権の実情を伝えることで、中国共産党と政府は人権について考えを改善してほしい――ということである。

多くの方々は、私が6年もの間拘束された事実についてはかかっているかもしれない。しかし、正式な発表がなかった以上、自分の言葉でそれを語ることが、私に与えられた義務と考えたことも公表の理由である。「私はスパイではない」と表明することは極めて重要であり、それには中国における私のこれまでの活動を説明することも必要だと考えてもいた。

家族の中には、マスコミ取材を避けるべきとの声があったことも事実である。まして、私の実家は茨城の農村だ。マスコミがいざ実家に殺到しようものなら、村じゅうが大騒ぎになってしまう。田舎育ちの私にとって、それがどれだけ迷惑なことかは十分理解している。家族に迷惑を掛けたくないとの気持ちは常にあった。しかし、拘束されていた間の実情を発表することは、私に課せられた責任と考えた。この気持ちは今でも変わっていない。

多くのマスコミの方々の依頼は、基本的にすべて受けることにした。幸いにどのマスコミの方々も極めて礼儀正しく対応してくれたし、また私の無理なお願いも快く了解してくれたことも有り難かった。この場を借りて各マスコミの方々にお礼申し上げたい。


帰国後、親戚はもちろんのこと、近所の皆さん、恩師や友人たちから労(ねぎら)いや励ましの言葉をいただいた。中には50年ぶりに私に電話を掛けてきた高校時代の友人もいた。すべての人々が私への同情を示すとともに、私の健康を気遣ってくれた。

その中で20年来の友人である東京都世田谷区の保坂展人(のぶと)区長は、「生還は奇跡です」との言葉を寄せてくれた。中国に対する知識を持ち、また中国の国家安全部がどのような組織であるかを知ってのことだろうが、私がこうして元気でいられるのは、そのような意味では本当に奇跡なのかもしれない。ならば私は、日本の人たちはもちろん、世界の人たちに、健全な中国の発展のために発言していかなければならない。これは民主主義の発展と、私が常々考えているヒューマニズムの発展の上でも、極めて重要なことであろう。

今さら言うべくもないことであるが、帰国後の3カ月は本当に忙しい日々であった。まず運転免許証の復活。失効したものを復活させるためには「やむを得ない事由」が必要だ。茨城県警免許課は中国での6年間の拘束を「やむを得ない事由」と判断してくれ、これを復活することができた。

年金や健康保険の問題も、各担当者が私の話に耳を傾けてくれ、スムーズに事が運んだ。ただ年金については65歳という壁があった。この6年間、年金を納めることができなかったので、帰国したらこの間の未納分を払おうと考えていたが、65歳を過ぎたということで（私は年金については無知であったことから、外国にいたのだから年月に換算されないと思っていた）、それは不可能となってしまった。したがって、不足分を払う気持ちがあったにもかかわらず、65歳を過ぎていたためそれができず、支払いが間もなく始まることになった。これはありがたいことだが、自分が考えていた額よりはるかに少なくなったことは残念でならない。

携帯電話についても困った。私は中国に6年間足止めされたことにより、日本における支払いは当然不可能となり、この間、携帯電話会社によって強制的に解約の処理がされ、その結果ブラックリストに載ってしまった。これは当然のことかもしれないが、以前の番号は使えなくなってしまった。しかし、強制解約までの料金を払うことによって新しい機種の購入が認められた。新しい番号を手に入れ、ようやく携帯電話を利用できるようになったのは、帰国から1カ月が経過してからだった。

この6年間、粗末な食事をしていたため、自分の健康状態について懸念していたが、病院で健康診断を受けたところ、拘束期間中は好きだった酒を口にできなかったことが幸いし、血液検査の結果はすべて問題がなかった。これまで見たことのない良好な数値に、喜ぶとともに複雑な心境でもあった。

このように帰国後に驚いたことはいくつもあるが、成田空港に着いてまず驚いたのは、新型コロナウイルスの検査であった。私は北京でワクチンを3回接種し、また帰国直前にもPCR検査を受けていたから安心していたが、空港の雰囲気は安心とはほど遠いものだった。6年前まで歩き慣れた通路には、新型コロナウイルス検査のためのパソコンが置かれ、自分で申請手続きを行わなければならなかった。6年間パソコンを使っていなかった私は、これにオドオドするばかり。申請担当者に助けを求め、やっとのことで手続きをすませて入国することができた。

中国で拘束されている間も、新型コロナウイルスに関するニュースなどを通して中国国内の感染状況については分かっていた。しかし、日本の状況については、感染者の数といった数字データ以外の状況についてまったく知らなかっただけに、現状を認識するまでに時間がかかった。後になって、中国製のワクチン、シノバックを3回接種していても、中国と日本はワクチンが違うという理由で、日本では一から接種をし直さなければならないことを知った。2022年末までに2回目が終了した。接種の際に、「初めてですか?」と問われるのが嫌だったので、中国の接種証明書を見せて、「最近、日本に帰ってきたものですから」と説明をした。

当然のことかもしれないが、いろいろな手続きは市役所がすべてしてくれることから、改めて日本の役所はすごいと驚いている。同時に、いかに中国の行政が住民のためになっていないかを考えてしまうのだ。

少し前、胃の調子が心配で、胃の内視鏡検査を受けたが、何の問題もなかったことに一安心。今後は大腸やガンの検査も予定している。病気の心配が増えたのは、この6年間、粗末な医療と食事を続けてきたことが大きな要因である。帰国当初は68キロだった体重も、日本での食事と好きな酒のおかげで、年明けには75キロとなった。今後は太りすぎないように注意しなければならない。

帰国後、多くの友人たちが私を心配して会いに来てくれたが、友人たちと会うと皆が年をとってしまったことに驚いた。当然私も同様で、改めて鏡を見た時には白髪が増え、髪も少なくなっていたことにはびっくりした。何せ拘束されていた間、身の回りにロクな鏡がなかっただけに、自分の顔を見ることがなかった。鏡に自分の姿を映してみたら、頭のてっぺんは頭皮が見えるほど髪の毛が薄く、そればかりか顔にはしわはもちろん、小さなシミがいたるところにちらばっていた。

昔、同窓会などに参加した際、自分はけっこう若いと思っていただけに、ショックだった。脂肪が急激に減ったことで、皮が伸びきったままになってしまっていたのも顔や体を老け込ませる要因になったのだろう。スーツやシャツもサイズが合わなくなってしまい、着るとブカブカだった。やむを得ず20代後半の頃に着ていたスポーツシャツなどでしのぐことにした。また、急いで2着のスーツと1着のジャケットを購入。何とかかっこうはつけたものの、今後どうなるかもまた心配の種である。

私が北京市国家安全局に拘束されている間、お世話になった方々がお亡くなりになられたことは、誠に残念でならない。2018年10月、長年の友人であり日中友好運動の恩師でもある元日中協会理事長の白西紳一郎氏が、大阪市内のホテルで不慮の死を遂げた。白西氏は生前、私の解放に向けて外務省との話し合いを進めておられたそうだ。２０１９年4月には、社会党副書記長を務めた曽我祐次氏が逝去された。さらに、元駐日中国大使館公使の丁民氏、私にとって中国の父親のような存在だった中国国際交流協会副総幹事の劉遅氏。長年、一方ならぬご厚情を賜りながらも、私のことで多大なご心配をおかけしたことをお詫びするとともに、この場を借りて各氏のご冥福を心よりお祈りする。

中国での6年間は私の人生にとって大きな損失であったことは間違いない。拘束された時は50代だったが、居住監視中に還暦を迎え、帰国時には65歳になってしまった。当然のこと、それを強制した中国をうらんではいる。だが、この6年間、獄中にていろいろと貴重な体験をしたことも事実である。

２０２３年3月、在日米国大使館からの要請で拘束体験を話してきた。今後もこの体験を語り継ぐ活動をしていきたいと考えている。メディアの方々の取材依頼には積極的に対応していくつもりだし、政党や国会議員から要請があれば話をさせていただきたい。国会に呼ばれれば参考人招致であれ何であれ、積極的に出ていく所存だ。

私の話は中国の人権問題にとどまらない。公安調査庁には中国に情報を提供している人間がいることは明白だろう。こうした問題も議論するきっかけになれば、私の体験も今後に生きてくるのではないかと思っている。

政府においては国民が安心して中国旅行を楽しめるように、または仕事で出張できるように、中国の実情と「反スパイ法」をはじめ公安調査庁のスパイ問題についてもしっかりと議論してもらいたい。日本政府は安直に軍備増強を叫ぶのではなく、外交力、交渉力を高めて自国民を守るという意識を政治家も外交官も持つべきだ。前にも言及したように、習近平政権下の中国では「国家安全」を重視し、スパイ行為の摘発を強化する方針を打ち出しており、今後も私のようなケースが生まれかねないと懸念している。政府はそうした事態にどう対応していくのか。二度と拘束者が出ないようにどのような努力をしていくのか。真剣に考えてほしい。

私は友好活動を通して中国問題を扱ってきたし、また中国の大学等で教えてきたことから、今後も中国問題に関わっていきたいと考えている。現在中国に関する日本国内の情報はとても多く、いろいろな評価があるが、かといって、それらを通して正しく中国が認識されているかと言えば、各方面において欠落が見られることがある。中国を好きか嫌いかで片付けることは簡単かもしれないが、日本にとって中国は歴史的にも地理的にも切り離せない関係であり、両国の将来にとっても重要な存在であることは論を待たない。

そして、長期的に共存していくためには、中国への正確な理解は極めて重要と考える。たとえ嫌いでも、日本は中国との共存を図らねばならない。ならばこの先、どう付き合えばよいのか。大学での授業や講演を通して、今後も中国に関して正しい認識が日本に広まるための努力をしていきたい。また、中国国内の人権も重要な問題なので、今回の経験を通して中国の人権の問題点についても話をしていきたいと思っている。


拘束された6年間について書くことは、当事者である私にとって、本来とても重い作業であった。しかし、私より早く帰国した方々が皆、中国の実態について口をつぐむ中で、それを明らかにすることは、今後、私と同様の人たちを作らせないために、また将来の中国の人権を考える上で重要であるとともに、私の責任であるとも考えた。

この私の提案を支持し、自ら中心となり企画の大役を担うとともに、なかなか筆が進まない私をいつも後押ししてくれた毎日新聞デジタル編集本部長（元政治部長）の高塚保さんに改めて感謝の意を表したい。高塚さんがいなかったらこの本の出版は不可能であった。

そして出版に際して、私のわがままを聞き入れ、叱咤激励し、実現に向けて取り組んでくださった毎日新聞出版の峯晴子さんに衷心よりお礼申し上げたい。

2023年3月

鈴木英司

カバー・帯写真
髙橋勝視（毎日新聞出版）
ブックデザイン・図版
鈴木成一デザイン室
編集協力
阿部えり
DTP
センターメディア

鈴木英司

（すずき・ひでじ）


1957年、茨城県生まれ。法政大学大学院修士課程修了。専攻は中国の政治外交。1983年、中華全国青年連合会の受け入れにより初訪中。以降、訪中歴は200回超。同年、中国の代表的知日派の張香山氏と出会い、交友を深める。1997年、北京外国語大学の教壇に立ち、2003年まで中国の4大学で教鞭をとり、日本では創価大学の非常勤講師を務めた。外交関係者などに教え子多数。日中友好7団体の一つである日中協会理事や衆議院調査局客員調査員などを歴任。元日中青年交流協会理事長。

中国でスパイ活動をしたとして2016年7月、北京市国家安全局に拘束され、懲役6年の実刑判決を受ける。2022年10月、刑期を終えて出所し、日本に帰国。

著書に『中南海の100日 秘録・日中国交正常化と周恩来』（三和書籍）がある。この他、張香山著『日中関係の管見と見証』（同）では訳・構成を、金熙徳著『徹底検証！ 日本型ODA 非軍事外交の試み』（同）では翻訳を担当した。

中国拘束2279日

スパイにされた親中派日本人の記録

第1刷　2023年4月25日
第3刷　2023年5月25日

著者
鈴木英司

発行人
小島明日奈

発行所
毎日新聞出版
〒102-0074 東京都千代田区九段南1-6-17 千代田会館5階
営業本部: 03 (6265) 6941 図書編集部: 03 (6265) 6745

印刷・製本
光邦

ISBN978-4-620-32774-7